松花江流域 | 地下水循环与水化学演化

SONGHUA JIANG LIUYU
DIXIASHUI XUNHUAN
YU SHUIHUAXUE YANHUA

张 兵 宋献方 韩静艳 著

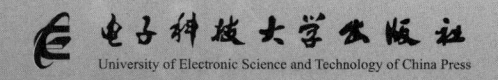

电子科技大学出版社
University of Electronic Science and Technology of China Press

·成都·

图书在版编目（CIP）数据

松花江流域地下水循环与水化学演化 / 张兵，宋献方，韩静艳著. -- 成都：成都电子科大出版社，2024.10. -- ISBN 978-7-5770-1229-2

Ⅰ. P641

中国国家版本馆 CIP 数据核字第 2024PW8094 号

松花江流域地下水循环与水化学演化

张　兵　宋献方　韩静艳　著

策划编辑	段　勇　罗国良
责任编辑	陈姝芳
责任校对	周武波
责任印制	段晓静

出版发行	电子科技大学出版社
	成都市一环路东一段159号电子信息产业大厦九楼　邮编 610051
主　　页	www.uestcp.com.cn
服务电话	028-83203399
邮购电话	028-83201495
印　　刷	成都市火炬印务有限公司
成品尺寸	185 mm×260 mm
印　　张	10.25
字　　数	206千字
版　　次	2024年10月第1版
印　　次	2024年10月第1次印刷
书　　号	ISBN 978-7-5770-1229-2
定　　价	56.00元

版权所有，侵权必究

目 录

第1章 绪论 ·· 1

    1.1 研究背景 ·· 1

    1.2 研究依据 ·· 2

    1.3 国内外研究进展 ·· 4

    1.4 本章小结 ·· 21

第2章 研究区概况及研究方案 ······································ 22

    2.1 研究区概况 ·· 22

    2.2 研究方案、样品采集及分析 ·································· 31

    2.3 本章小结 ·· 37

第3章 降水、地表水及地下水的同位素特征 ················ 38

    3.1 大气降水的同位素特征 ··· 38

    3.2 地表水的同位素特征 ··· 43

    3.3 地下水的同位素特征 ··· 47

    3.4 本章小结 ·· 51

第4章 降水、地表水及地下水的水化学特征 ················ 52

    4.1 降水的水化学特征 ··· 52

    4.2 地表水的水化学特征 ··· 54

4.3　地下水的水化学特征 ·· 60
　4.4　本章小结 ·· 66

第5章　地表水与地下水相互作用的研究 ··· 69
　5.1　地下水流动系统 ··· 69
　5.2　地表水与地下水的相互作用关系 ··· 71
　5.3　地表水与地下水的相互转换比例估算 ··· 80
　5.4　地表水与地下水相互作用下的水化学混合模拟 ······································ 87
　5.5　本章小结 ·· 91

第6章　地下水更新能力及地表水和地下水灌溉适宜性评价 ··· 92
　6.1　浅层地下水更新能力的估算 ··· 92
　6.2　典型地下水位的动态变化 ··· 100
　6.3　地表水及地下水的灌溉水质评价 ··· 109
　6.4　本章小结 ·· 115

第7章　结论与展望 ·· 116
　7.1　主要结论 ·· 116
　7.2　研究中的创新点 ··· 119
　7.3　研究不足与展望 ··· 119

参考文献 ·· 121

附录 ·· 134
　附录A　松嫩-三江平原区域采样点说明 ·· 134
　附录B　水化学混合模拟PHREEQC文件 ··· 140

第1章

绪　　论

1.1　研究背景

松嫩-三江平原位于中国东北,经过70多年的大规模农业开发,由原来的"北大荒"变成了现在的"北大仓",已成为我国重要的大型商品粮基地,对保障我国的粮食安全起着重要作用。

松嫩平原行政区跨黑龙江、吉林两省和内蒙古自治区一少部分,其北至黑龙江省的嫩江市,南至吉林省长岭县南部的松辽分水岭,西侧以大兴安岭低山丘陵区与山前倾斜平原分界线为界,东侧边界至小兴安岭-长白山地西缘山麓台地,总体形状呈南北长、东西窄的椭圆形,平原区总面积为 18.28×10^4 km^2,松嫩平原内有耕地面积 $1\ 161.8 \times 10^4$ hm^2,2004年的全区粮食总产量为 $2\ 782.12 \times 10^4$ t,农业总产值为801.84亿元。松嫩平原同时是世界上三大苏打盐渍土的主要集中分布区之一,具有巨大的开发和增产潜力(黑龙江农垦总局统计局,2009)。

三江平原西起小兴安岭,东至乌苏里江,北起黑龙江,南抵兴凯湖。全区土地总面积为 10.89×10^4 km^2,包括3个市、县,以及分布其中的52个国有农场和8个森林工业局。三江平原是我国开发较晚的一个地区。中华人民共和国成立初期,各类沼泽湿地、沼泽化草甸湿地和草甸湿地的面积达 534.5×10^4 hm^2,占平原面积的80.2%(何璇,2000)。1949年以来,经过4次农业开发高潮,三江平原的耕地面积从 78.6×10^4 hm^2 增加到1994年的 457.24×10^4 hm^2,增加了4.82倍(赵惠新,2008)。遥感和地理信息系统技术的结果表明,在1954年,三江平原的耕地面积为 $17\ 133.81$ km^2,所占比重仅为15.91%；2005年，三江平原的耕地面积为55 688.45 km²，面积比上升至51.17%，年均耕地增加面积为755.97 km²（宋开山等，2008b）。

1.2 研 究 依 据

1.2.1 国家需求

东北地区提出增产百亿斤粮食工程，黑龙江省作为粮食主要产区，确定粮食生产的目标是增产粮食$150×10^8$ kg，提供商品粮$150×10^8$ kg。为实现目标，东部（三江平原）将继续扩大水稻和玉米的种植面积，西部（松嫩平原）扩大玉米的种植面积，因地制宜扩种高效经济作物。三江平原的水稻种植面积逐年增加，2006年已经达到$101.53×10^4$ hm²，水田面积的增加导致农业用水量的增加。为合理配置水资源和提高过境地表水资源利用率，三江平原建设了"两江一湖"（黑龙江、乌苏里江和兴凯湖）灌区（文继娟，2004）。据研究，在实际灌溉面积中，约97%为水田面积，约69%为井灌水稻。井灌水田面积的增加，使得地下水开采量迅速增加，局部地区的地下水位普遍下降，地下水资源平衡受到了破坏（Wang等，2003；王韶华等，2004；杨湘奎等，2006）。1949—2008年黑龙江垦区的粮食作物产量如图1-1所示。

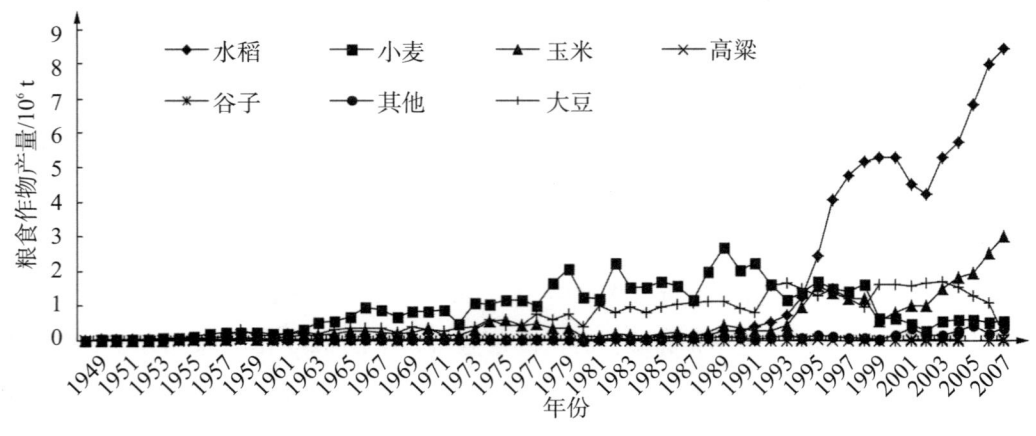

图1-1　1949—2008年黑龙江垦区的粮食作物产量
（资源来源：黑龙江农垦总局统计局，2009）

地表水和地下水作为流域水循环的组成部分，两者并不是孤立的，而是有着一定的水力联系，有着复杂的相互作用关系。但由于地表水和地下水之间的相互作用不易观测，导致在水资源管理中将地表水和地下水分开，而未作为统一的资源进行管理（Winter等，1998）。

松嫩-三江平原的农业生产为保障国家粮食安全作出着重要贡献。为实现粮食增产的目标，该区建设水利工程，提高地表水资源利用率，增加灌溉水田面积。在利用地表水的同时，地下水的开采也增加了井灌水田面积。松嫩-三江平原的地表水和地下水水资源合理利用和配置是实现粮食可持续增产和保障粮食安全的基础。因此，在松嫩-三江平原研究地表水与地下水的相互作用是进行有效水资源管理的迫切需要。1978—2008年黑龙江垦区的灌溉统计如图1-2所示。

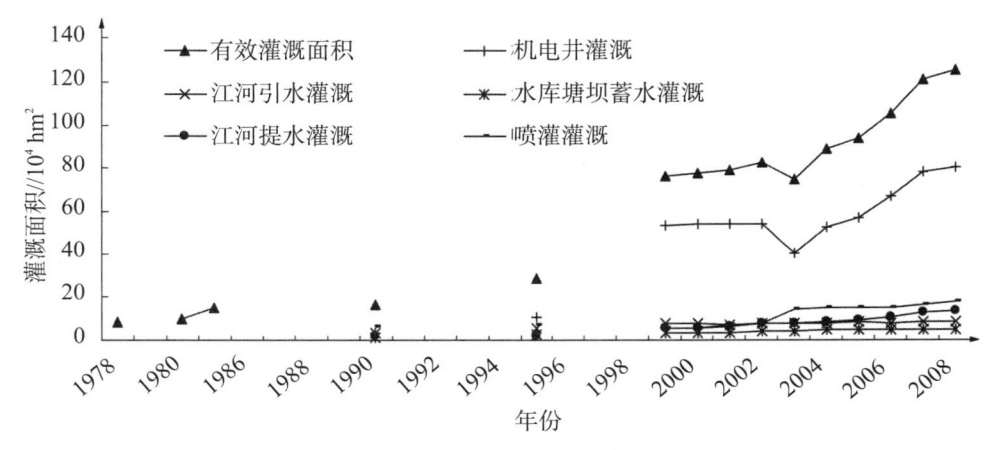

图1-2 1978—2008年黑龙江垦区的灌溉统计
(资料来源：黑龙江农垦总局统计局，2009)

1.2.2 科学意义

地表水与地下水的相互作用是水资源研究的核心和热点。自然界中几乎所有的地表水体都和地下水发生着作用，这直接影响着地表水和地下水体的水质和水量。从水质方面来说，该作用影响着水化学成分的分布和演变规律；从水量方面来说，地表水体既可接收地下水补给，又可直接向地下水排泄。

最早涉及地表水和地下水相互作用的研究可追溯到Boussinesq在1877年对河流与连续冲积含水层作用规律的探讨（Promma等，2006），当时对该相互作用的意义重视不够。国际水文科学协会（IAHS）和国际水文地质学家协会（IAH）分别于1986年和1994年将地表水和地下水相互作用问题正式提交会议讨论议题，于是对地表水和地下水相互作用的研究就成了水文学及水文地质学方面研究的热点问题。国际水文科学协会（IAHS）、国际水文地质学家协会（IAH）、国际地质对比计划（IGCP）、国际地圈生物圈计划（IGBP）、国际水文计划（IHP）和地球能量及水循环实验计划

(CEWEX)等开展的各项工作,已经从不同层面揭示水循环各组成部分的作用规律。目前,研究的范围已经涉及水文学、水文地质学、水文地球化学、生物学、气象学等多学科的交叉。因此,地表水与地下水的相互作用仍是水文学及水文地质学研究的热点和难点。

随着气候变化和人类活动的影响,地表水与地下水相互作用越来越频繁(Mcguffie等,2004)。由于受气候、土地利用、地质和生物等因素的影响,地表水和地下水相互作用复杂,地下水流动系统如图1-3所示(Sophocleous,2002)。在松嫩平原和三江平原,大规模的农业开发导致湿地面积锐减(Wei等,2004;Zhang等,2010),剧烈地改变着土地利用情况,进而影响着水循环过程。因此,研究地表水与地下水的相互作用具有重要的科学意义。

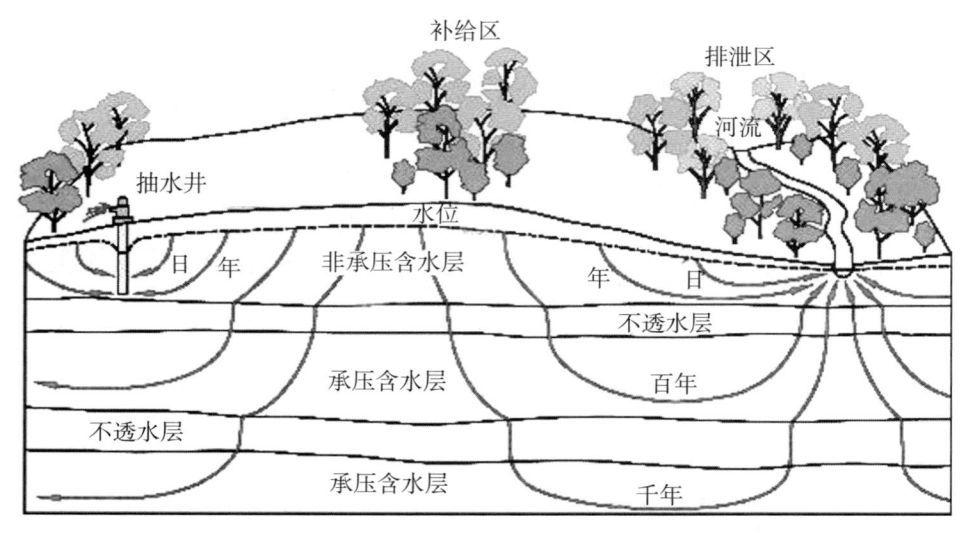

图1-3 地下水流动系统
(资源来源:Winter等,1998)

1.3 国内外研究进展

1.3.1 地表水与地下水相互作用的研究进展

1.3.1.1 地表水与地下水相互作用的机理

地表水和地下水作为水循环的组成部分,在自然界中,几乎所有的地表水体都和地下水发生着作用。近几十年来，受自然因素和人类活动的影响，地表水与地下水之间的转化关系趋于复杂化，引起水循环的变化，诱发了一系列生态环境负效益，使水资源及生态问题凸显。其中，河流与地下水关系及其演化是河流与地下水相互作用中的重要问题之一，是河流维持机理与地下水可再生能力的基础研究内容（王文科等，2007）。图1-4表示了枯水期和洪水期河流与地下水的相互作用关系。在枯水期，地下水补给河水；在洪水期，河水补给地下水。

河流与地下水有3种相互作用方式：河流补给地下水；地下水补给河流；河流在某段补给地下水，在某段地下水补给河流（Winter等，1998）。河流与地下水进行着水量、能量和化学物质的交换，在时间和空间上存

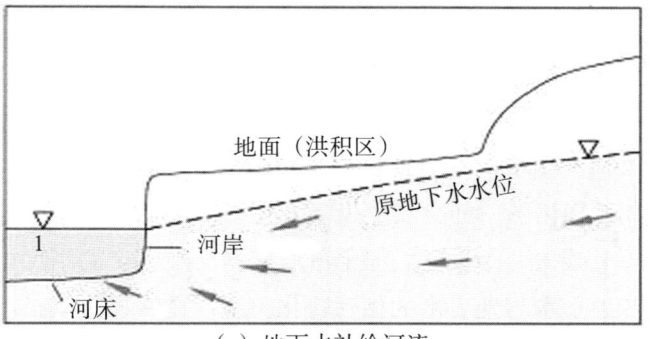

(a) 地下水补给河流

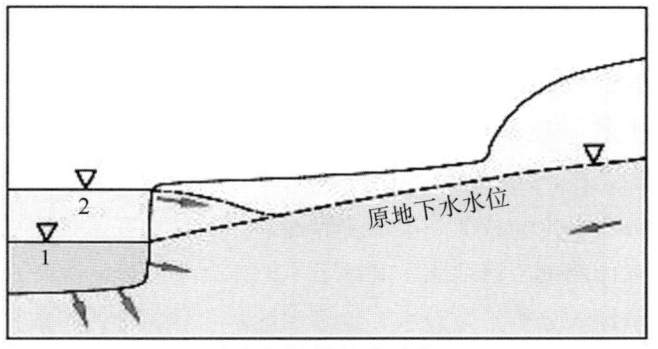

(b) 河流补给地下水

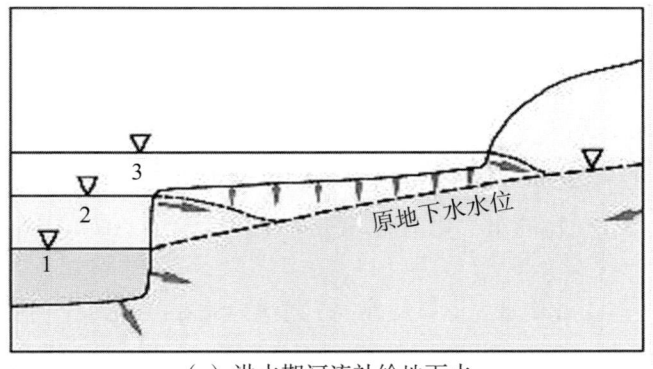

(c) 洪水期河流补给地下水

图1-4　枯水期和洪水期河流与地下水的相互作用
（资源来源：Winter等，1998）

在着差异（Intaraprasong等，2009）。地表水的污染物可进入地下水，影响到地下水水质。Chapman等研究了地表水与地下水的相互作用对三氟乙烯的衰减影响（Chapman等，2007）。

1.3.1.2　地表水与地下水的化学相互作用

天然水的化学成分是水在循环过程中与周围环境长期相互作用的结果。天然水体

特别是河水和地下水的物理特性和化学成分既受流域岩石风化程度的影响，也受流域气候、地貌、地质构造背景等的制约（朱秉启等，2007）。在地下水与地表水的相互转化过程中，水中溶解的物质伴随水量的交换同步进行。因此，天然水的化学组成从一定程度上记录着水体形成、运移的历史（Vaughn等，2005），是了解地下水与地表水相互作用的一种有效示踪方法。

聂振龙等根据黑河干流地表水与地下水的水化学特征，分析了沿黑河干流不同地带地下水与地表水的相互转化关系。在祁连山区，地下水与地表水的转化以地下水向河流排泄为主。在南部盆地的山前戈壁带，出山河水入渗转化为地下水；溢出带地下水以泉的形式转化为地表水；进入细土平原后，汛期河水补给地下水，非汛期地下水补给河水；在灌区，引河水通过田间入渗补给地下水。在北部盆地的金塔灌区，地下水主要接受引水灌溉入渗补给；在金塔灌区到额济纳旗，河流入渗转化为地下水（聂振龙等，2005）。

水化学特征是湿地多界面间相互作用在水体中的综合体现。王磊等研究了扎龙湿地仙鹤湖区域地表水和地下水的水化学特征，并应用水化学方法和氢氧稳定同位素方法深入分析了地表水、地下水的水化学特征的形成机制。混合比例计算结果表明，地下水受大气降水直接补给较弱，湖滨处湖水补给比例超过50%。区域地下水补给占主导的区域，地下水表现出低矿化度、高氘盈余值（d-excess）的特征，地下水化学类型逐渐由HCO_3^--Ca^{2+}·Na^+·Mg^{2+}型转变为HCO_3^--Na^+·Ca^{2+}型。湿地湖水补给占主导的区域，地下水表现出高矿化度、低d值的特征，水化学类型具有较大的变异性。通过水化学特征和同位素分析，证明湿地地表水与地下水之间存在明显的水文化学联系，并形成独特的水文化学循环模式（王磊等，2007）。

1.3.1.3　人类活动对地表水与地下水相互作用的影响

人类活动普遍影响到了水资源的分布、水量和水质。农业活动、工业活动、城市化河道工程等都会对地表水与地下水的相互作用产生影响。农业活动对土地的耕作改变了微地形，改变了入渗和径流特征，进而影响到了地下水的补给、水体运移、地表水中泥沙和蒸腾。农业生产中的灌溉系统会造成地下水位的升高，可能使浅层地下水补给地表水体。这些农业活动都直接或间接地影响到了地表水与地下水的相互作用（Winter等，1998）。人类活动对傍河区地下水的连续过量开采可使地下水和地表水由连续性接触转变为脱节状态，而且这种转化过程经常是一个漫长的过程，具有一定的隐蔽性（图1-5）。加强人类活动对地表水与地下水影响的研究是水资源可持续利用的重要方面。

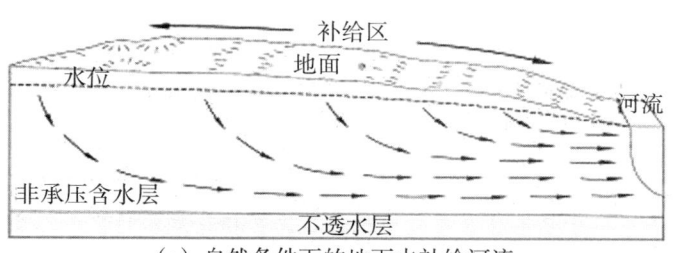

(a) 自然条件下的地下水补给河流

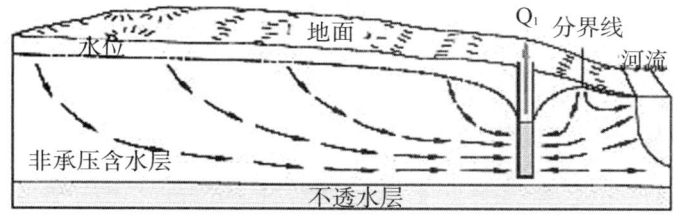

(b) 傍河开采下的地下水补给河流

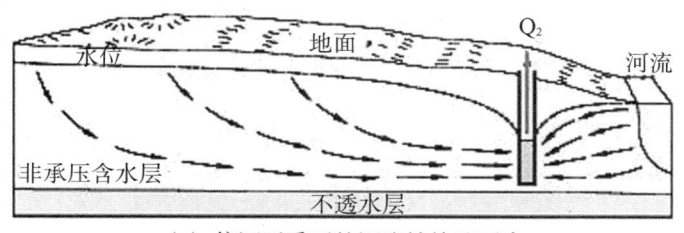

(c) 傍河开采下的河流补给地下水

图 1-5　抽水对傍河地下水系统的影响

（资料来源：Winter 等，1998）

毕二平等认为河北平原地下水由于受到大量开采和污水排放的影响，普遍受到了污染。人类活动对河北平原地下水水质演化的影响具体表现为：大量抽取地下水引起区域地下水动力条件的改变；各种人类活动综合引起的地下水水化学场的改变。研究指出，硬度是反映人类活动对地下水影响的特征性化学指标，人类活动引起地下水的明显污染可以由铵来表征（毕二平等，2001）。

河水和地下水之间不断地进行着水和化学物质的交换，在陆地水文循环中发挥着重要作用（Brunke 等，1997）。交互带是位于河流河床之下并延伸至河流带和两侧的水分饱和的沉积物层，是河流或溪流连续性的重要组成部分，它有效地连接着河流的陆地、地表和地下。交互带是河水和地下水相互作用的界面，是河水和地下水耦合的中心；在河水和地下水发生动态交换的过程中，交互带发生着强烈的生物地球化学作用（滕彦国等，2009）。人类活动，如采矿、农业活动、城市化和工业活动等都对交互带有着直接的影响（Hancock，2002）。

1.3.1.4 地表水与地下水相互作用的模拟

地表水和地下水耦合模型是分析地表水与地下水相互作用应用较广的方法。随着气候变化和人类活动的影响，特别是大规模地下水抽取和跨流域调水工程的实施，区域地表水和地下水的交互作用也越来越频繁，已经到了需要从过程上把两者作为一个整体系统进行研究的阶段（王蕊等，2008）。地表水和地下水集成模型是融合地表水和地下水的模型，同时考虑地表水和地下水模型耦合中的各个细节问题。耦合地表水模型和地下水模型时，需要在时空尺度上进行数据整合（胡立堂等，2007）。

根据不同的分类标准，地表水和地下水集成模型有着不同的分类。根据研究对象的侧重点，集成模型可分为地表水模型包容地下水模块型、地下水模型包容地表水模块型、地表水和地下水模型双向兼容型。根据地表水和地下水模型的耦合计算方法，集成模型可分为分离型、相关分析型、线性入渗/排泄型、线性水库型和达西定律型。国外典型的地表水与地下水集成模型主要有：SWATMOD 模型、MIKE-SHE 系列模型、MODHMS 模型、IGSM 模型、MODBRANCH 模型及集成地表水模型 DAFLOW 的三维地下水模型 MODFLOW-2000（胡立堂等，2007；王蕊等，2008；徐力刚等，2009）。Krause 等将包气带模型 WASIM-ETH-I 和地下水模型 MODFLOW 结合起来，模拟了地下水的补给量，以及地表水和地下水相互作用对水量平衡和补给的影响（Krause 等，2007）。数值法、概念模型等方法可模拟地表水与地下水的相互作用（Jolly 等，2009；Woessner，2000；杨胜天等，2004）。

美国地质调查局（USGS）的 GSFLOW 模型同时考虑了气候条件、地表径流、地下潜流与储存，以及陆地系统、溪流、湖泊、湿地与地下水之间的关系。该模型是以美国地质调查局的降雨-径流模型系统（PRMS）和地下水流模型（MODFLOW-2005）为基础建立的，并增加了很多新的模块，从而提高了对湿地相关问题的处理能力，包括对土壤带和非饱和带的水文过程的模拟。该模型适用于山区面积由数平方英里到上千平方英里范围，以及时间由数月到数十年间的模拟（Markstrom 等，2008）。

国内外已有的集成模型大多是在现实特定条件下的概化基础上建立起来的，有些是把一些成熟的地表水和地下水模型连接起来。模型在没有全面校正和评价之前，不适宜于作预测（Jolly 等，2009）。近年来，已有较多学者运用同位素和水化学信息建立模型，研究地表水与地下水的相互作用（Adar 等，1992；Dahan 等，2004；Ren

等，2006；Yi 等，2008）。由于组成水循环各部分的复杂性，研究更为复杂的实际应用问题，适应更为广泛的需求是地表水和地下水耦合模型发展的必然趋势。

1.3.2　环境同位素在地表水与地下水研究中的应用

地表水与地下水的相互作用的定性和定量研究的方法主要有数学物理方法、模型模拟、"3S"（GIS、RS 和 GPS）方法、同位素和水化学方法。数学物理方法是通过对调查和观测数据的分析，运用解析法、数值计算、统计分析的方法分析地表水与地下水的相互关系。近年来，随着遗传算法、混沌理论、人工神经网络、专家系统、数据挖掘等智能化方法的兴起，数学物理方法用来获得水量和水质变化的关系，预测水量、水质时空的变化（胡立堂等，2007）。模型模拟方法是利用集成模型，如 GSFLOW，对地表水与地下水的相互作用进行研究；"3S" 方法是运用 "3S" 技术结合水量平衡法等估算地表水与地下水的相互转化关系。特别是重力卫星 GRACE 估算水储量得到了较好的应用（Schmidt 等，2006；Swenson 等，2003）。同位素和水化学方法是利用稳定同位素、天然或人工放射性同位素，以及其他示踪剂确定地下水流向、流速或运移时间，进而确定地下水的更新能力。

在地表水与地下水的相互作用的研究方法中，数学物理方法对水文地质资料和数学运算的要求较高；模型模拟方法概化了水文地质条件，参数的校正影响到了定量研究的准确性；运用 "3S" 和重力卫星估算水储量的空间尺度较大，分辨率不高。环境同位素，如氢氧同位素是水分子的组成部分，直接参与了水循环的各个过程，具有很好的标记特性；而放射性氚同位素则具有很好的计时性。水作为载体，在形成、运移、排泄等过程中都与周围的环境相互作用，水化学组成记录了水的特征，是有效的示踪剂之一。以环境同位素技术为主，结合水化学及其他示踪剂的方法，可全面、系统地评价地下水的更新能力，研究地表水与地下水的相互作用机理。

1.3.2.1　环境同位素技术的应用原理

环境同位素是指天然存在或在核爆炸实验生成的同位素，主要以自然形成的形式存在于环境中，随着水循环运动而移动的同位素（international atom energy agency，1981），包括稳定同位素（D、^{18}O）和非稳定同位素（T、^{14}C），其中，D、T、^{18}O 是研究水循环的理想示踪剂（宋献方等，2002）。

自然界水在蒸发和冷凝过程中，由于构成水分子的氢氧稳定同位素的物理化学性质不同，引起不同水体中的同位素组成的变化，这种现象被称为同位素分馏作用。处于水循环系统中的不同水体，因成因不同而具有自己特征性的同位素组成，即富集不同的重同位素氢（^{2}H）和氧（^{18}O）（Gat，1996；Gibson等，2010）。通过分析不同环境中水体同位素的浓度变化及其特征，可以示踪其形成和运移方式，并获取水循环内部过程的更多信息，认识变化环境下的水循环规律（宋献方等，2002）。

1.3.2.2 大气降水中的环境同位素

在水文循环过程中，水中的氢氧稳定同位素（D、^{18}O）在每一阶段都具有不同的特征，这可为研究水文循环过程提供可靠的信息（Gat，1996）。大气降水中，氢氧同位素分布规律是同位素地球化学中最基本的重要规律（郑淑蕙等，1983），是水循环过程中各种水体的输入信号，其同位素组分的变化会直接影响地表水、地下水等水体中的同位素浓度，因此，降水中的同位素的研究工作是进一步对比分析地表水、地下水同位素组分，从而确定水循环过程的基础。

水循环过程中同位素的研究始于20世纪50年代初期（Dansgaard，1953），在国际原子能机构（IAEA）和世界气象组织（WMO）的合作下，于1961年，全球大气降水同位素网络GNIP正式启动，开始对全球降水中的环境同位素进行大范围有组织的取样工作（Dansgaard，1964）。1961年，Craig通过分析北美洲以及分布于全世界其他地方的降水同位素，发现氢氧同位素具有相关线性关系，即$\delta D = 8\delta^{18}O + 10$，这就是全球大气降水线方程（GMWL）（Craig，1961）。

我国加入GNIP的时间较晚，20世纪80年代末至90年代初，是我国进入GNIP中站点最多的时期，数量保持在20个以上。到2002年，全国范围内仅存乌鲁木齐、张掖、石家庄、昆明和香港5个站点。为解决大气降水联网观测无法满足实际需要的问题，以中国生态系统研究网络（chinese ecosystem research network，CERN）各野外台站为依托，开始建立中国大气降水同位素网络（chinese network isotopes in precipitation，CHNIP），系统地对δD和$\delta^{18}O$进行观测（宋献方等，2007c）。

大气降水的同位素的组成变化很大，随空间、时间而异，故世界各地不同地区的降水方程往往偏离全球性方程，除全球降水线外，不同地区都有反映各自降水规律的降水线，即地区大气降水线（LMWL）。大气降水线的斜率反映蒸发的强烈程度；截距d习惯称为氘盈余或过量氘。不同地区由于不同的地理、气候等自然条件，其大气降水线的斜率和截距有所差异。

降水中稳定同位素的组成主要受雨滴凝结时的温度和降水的水汽来源控制，明显表现为降水同位素组成因地理和气候因素差别而异。影响降水同位素组成的因素主要有温度效应、大陆效应、纬度效应、高程效应和降水量效应，区域气候如季风气候会影响降水中同位素的组成（Kreuzer等，2009；卫克勤等，1994）。根据降水同位素的组成，可以揭示不同时空降水水汽来源、水循环方式和变化，以及水汽蒸发源地的气候特征（Schmidt等，2005）。氘盈余与蒸发过程有关，除受水汽源地蒸发状况影响外，雨滴下落过程中的二次蒸发也会使氘盈余减小（田立德等，2001）。

我国已经对降水同位素进行了多角度的研究。章新平等改进了过饱和环境下动力分馏数学模型，模拟结果与实测结果的一致性较好，并为中低纬度的降水量效应提供了理论依据（章新平等，1994）。张应华等分析了黑河流域内降水中氢氧同位素的时空差异与水汽输送的关系，定量估算了大陆性局地水汽循环在总降水中所占的比率。基于氘盈余值估算，局地水循环对区域降水贡献率占全年降水的比例至少达到31.06%（张应华等，2008）。

依托CHNIP的野外观测站点，柳鉴容等研究了西北地区大气降水$\delta^{18}O$的特征及水汽来源，建立了局地大气降水线方程$\delta D =7.05\delta^{18}O–2.17$，揭示了西北地区降水水汽的分馏主要以动力分馏为主，雨滴在降落过程中经历了一定的二次蒸发过程，其降水水汽中也混入一定量的由局地再蒸发的水汽。建立了降水$\delta^{18}O$与气候因子的多元线性回归关系，乌鲁木齐站点12年的$\delta^{18}O$资料对该地区的温度拟合，为历史气候的定量恢复提供了依据（柳鉴容等，2008）。降水中的$\delta^{18}O$能指示季风和雨带的消退路线；对台风和热带气团的运动路径有示踪作用（Liu等，2010）。

大气降水是地表水和地下水的主要补给来源，研究降水的同位素组成是分析地表水和地下水同位素的基础（Adar等，1998；Yakirevich等，1998）。中国大气降水观测网络野外站点的大气降水的同位素观测数据，是地表水和地下水同位素的输入信号；建立的当地大气降水线（LMWL）可分析水汽来源、气候特点等。

1.3.2.3 地表水与地下水相互作用的研究

环境同位素方法在地表水与地下水的相互作用的研究中应用广泛。同位素可以解决径流来源和河流径流量的划分问题（Clark等，1997；Walton-Day等，2009；宋献方等，2007b），划分的原理是基于同位素的质量守恒，计算公式如下。

$$Q_t = Q_u + Q_v \tag{1-1}$$

$$Q_t C_t = Q_u C_u + Q_v C_v \tag{1-2}$$

$$Q_u/Q_t = (C_v - C_t)/(C_t - C_u) \tag{1-3}$$

式中，Q 为流量；C 为同位素组分或示踪剂浓度。下角标中，t 为两来源混合后的水体；u 为水体来源一；v 为水体来源二。

Katz 等利用化学和同位素示踪方法研究了佛罗里达州北部覆盖喀斯特岩层地区的地表水与地下水的相互作用（Katz 等，1997）。运用氢氧（D、T、^{18}O）、碳（^{13}C）和锶（^{87}Sr/^{86}Sr）同位素和质量守恒定律，分析了决定地下水化学组成的主要水文地球化学过程；地表水通过北部高地的灰岩坑和 Bradford 湖进入含水层；利用降水、地表水和地下水中的 D 和 ^{18}O 组分，结合同位素质量守恒，计算了地表水和地下水的混合比例。氚同位素分析表明含水层在近 40 年期间得到了补给；虽然大部分地区可能存在地表水和地下水的混合，但由于稀释作用较小，含水层的水质较好。

Leybourne 等研究了未扰动的硫化物堆积区的地表水与地下水的氢氧和碳稳定同位素（Leybourne 等，2006）。地下水的补给源主要是在春季融化的冬季降水，地下水中溶解性无机碳的碳同位素富集，表明碳同位素的分馏是通过 CO_2 的还原生成了甲烷。Ayenew 等运用环境同位素和水化学研究了 Awash 流域的地表水与地下水的相互作用。近代的大气降水是地下水的主要补给源。结合同位素和水化学划分了 4 个水类型：现代的浅层地下水；温度较低的现代水；高离子含量、同位素贫化的老水；高盐度、温度较高的老水（Ayenew 等，2008）。此外，Huddart 等利用稳定同位素（^{18}O、D）分析了地下水不同补给源的比例（Huddart 等，1999）；根据水中稳定同位素的组成研究了地表水和井水的相互作用（Hunt 等，2005）。

郑跃军等利用北京市平原周边基岩水和地表水样品中的 T 值和 Cl^- 含量，对大气降水的输入进行了定量估计。研究结果表明，全部样品均为热核爆炸后的补给输入。通过对 ^{2}H 和 ^{18}O 同位素的关系研究，地表水与基岩水在大气水线上的起点位置可能完全不同，因为它们所在补给区的平均高程不一样；认为北京平原区的高程效应远比大陆效应显著（郑跃军等，2009）。

郎赟超等分析了贵阳市及邻近地区地表和地下水的化学与 Sr 同位素组成变化。水体中的化学溶解物质首先主要来源于碳酸盐岩（石灰岩和白云岩）的风化作用和膏岩层的溶解，其次来源于人为污染物的输入；污染物以 K^+、Na^+、Cl^-、SO_4^{2-}、NO_3^- 为主，枯水期因大气降水补给小而受人为活动的影响较大；丰水期和枯水期的地表水、地下水的化学组成变化说明地表水、地下水交换活跃，地下水环境容易受到人为活动的影响（郎赟超等，2005）。

宋献方等利用氢氧同位素研究了华北地区和黄土高原岔巴沟流域的地表水与地下

水的相互转化关系。在怀沙河流域分析了流域内不同部位地表径流和地下径流对河川径流的相对贡献，并揭示了地表水和地下水之间的补给-排泄相互转化关系。在岔巴沟流域分析了旱季和雨季的地下水与地表水相互关系，探讨了淤地坝对地下水的影响。淤地坝减少地下水排泄，增加地下水的转化量以及淤积层、地表径流的矿化度（宋献方等，2007b；宋献方等，2009）。

苏小四等在分析了流域内地下水动力场特征的基础上，应用水化学方法和同位素技术相结合的方法分析了马莲河河水与地下水的相互转化关系。马莲河河水以接受地下补给为主，仅在中游个别河段与地下水的水力联系较弱（苏小四等，2009）。

同位素技术在地表水与地下水的相互转化和水循环方面得到了广泛的应用。氢氧同位素在"三水"的转化关系及转化比例（王杰等，2007），地下水补给和水流系统（Adar等，1992；Walker等，1998；Walton-Day，2008；陈宗宇等，2006；贾艳琨等，2008；刘鑫等，2007），以及农田灌溉研究（Schroeder等，1991）中均得到了应用。利用同位素和水化学相结合的方法，能有效研究地表水与地下水的相互关系，可减少单一方法所产生的不确定性，并应用到确定地下水水流系统、地表水与地下水的相互作用的研究中（Ayenew等，2008；Kohfahl等，2008；Taniguchi等，2000），同位素技术也可应用到地下水与海水相互作用的研究中（Mackensen，2001；Schiavo等，2009）。相关学者采用氢氧同位素和水化学相结合的方法研究了华北地区永定河流域、潮白河流域的水循环特征（宋献方等，2007a；于静洁等，2007）。

1.3.2.4 地下水的更新能力

1) 通过放射性同位素估算地下水年龄

用来测定地下水年龄的放射性同位素有很多，但常规方法是年轻水采用 ^3H 测年方法，年老水采用 ^{14}C 测年方法。放射性同位素，如氚（^3H）和碳-14（^{14}C）主要有天然和人工两种来源。天然的氚主要形成于大气层上部高空，碳-14则形成于平流层和对流层之间的过渡地带；人工来源主要是20世纪60年代的核试验和核反应。这些放射性同位素在天然水的循环过程中，打上各种环境因素影响的特征标记，成为追踪各种水文地质作用的理想示踪剂，更重要的是它们的放射性计时性，适用于研究大气降水的地面入渗、现代渗入起源地下水的补给、流动速率、赋存及地下水年龄测定等（张应华等，2006b）。

半衰期（$T_{1/2}$）常用来表示一个放射性核素的不稳定性或衰变率，即为放射性物质因衰变而减少到其初始值的一半所用的时间。计算半衰期可按公式 $T_{1/2}=(-1/\lambda)\cdot$

$\ln(1/2)$，其中，λ 为衰变常量。例如，^{14}C 的半衰期为 5 715 年，^3H 的半衰期为 12.43 年，^{36}Cl 的半衰期为 300 000 年，而地下水年龄就是利用放射性同位素的半衰期推算的。

从世界最后一次核爆试验至今，由于放射性衰减和海洋的吸收，大气中的氚含量已接近核爆前的水平。这种大气氚浓度的演化信号在地下水中往往发生混合，再加上有些地下水中还保存着核爆前的补给信息。多种信息的叠加和混合，使得对地下水年龄的定量计算很困难，这时，只能做出定性解释。Clark 等给出的一种大陆地区的定性解释方法（Clark 等，1997）如下：

（1）<0.8 TU：1952 年前补给的地下水；

（2）0.8~4 TU：1952 年前补给与最近补给的混合水；

（3）5~15 TU：现代水（<5~10 年）；

（4）15~30 TU：存在核爆氚；

（5）>30 TU：20 世纪 60—70 年代补给的地下水；

（6）>50 TU：主要为 20 世纪 60 年代补给的地下水。

可以通过模型定量估算地下水的年龄。当地下水系统的信息传输关系符合线性规则，并且与地下水平均驻留时间相比，地下水径流速度的变化可以忽略时，可以将地下水系统概化为线性稳定流集中参数系统，则地下水系统中氚输入浓度和输出浓度的关系表示为

$$C_{out}(t) = \int_0^\infty C_{in}(t-t')g(t')e^{-\lambda t'}dt' \tag{1-4}$$

式中，t 为采样时间（年代）；t' 为氚运移时间（a）；λ 为氚衰变参数，$\lambda = \ln 2/T_{1/2}$，$T_{1/2}$ 为氚的半衰期（12.43 年）；$C_{out}(t)$ 为氚输出浓度函数，即输出氚浓度随时间变化的函数（TU）；$C_{in}(t-t')$ 为氚输入浓度函数，即输入氚浓度随时间变化的函数（TU）；$g(t')$ 为系统响应函数或地下水年龄分配函数。

根据不同的水文地质条件，可以确定地下水年龄分配函数，常采用的模型包括活塞流模型（PFM）、指数模型（EM）、指数-活塞流组合模型（EPM）、弥散模型（DM）、线性模型（LM）、线性-活塞流组合模型（LPM）等（Maloszewski 等，1991；Małoszewski 等，1982；Morgenstern 等，2010；王恒纯，1991；杨湘奎，2008）。以下是对其中一些模型的介绍。

（1）活塞流模型（PFM）。

活塞流模型假定：同一断面、不同流线上同位素的传输时间相等；不存在水动力弥散和分子扩散。活塞流模型的年龄分配函数为

$$g(t') = \delta(t' - t_t)$$

$$C_{\text{out}}(t) = C_{\text{in}}(t - t_t)\exp(-\lambda t_t) \tag{1-5}$$

式中，t_t 为地下水氚年龄（a）；其他符号同前。

可见，活塞流模型考虑的仅仅是放射性同位素的衰减过程，如果是稳定同位素，则输入浓度与输出浓度相同。

（2）指数模型（EM）。

指数模型也称"全混合模型"，其假定不同流线之间没有同位素交换，且不同流线的同位素传输时间呈指数分布，即流线越短，同位素传输时间越接近零；流线越长，同位素传输时间越长。指数模型的年龄分配函数定义为

$$g(t') = t_t^{-1}\exp(-t'/t_t) \tag{1-6}$$

指数模型在数学表达上相当于化学中的全混合模型，这意味着，任一时刻输出的同位素浓度等于该时刻系统中地下水的平均同位素浓度（王恒纯，1991）。当采样井是花管很深的非完整井时，该模型不适用。

（3）指数-活塞流组合模型（EPM）。

地下水系统由指数型和活塞型两部分组成，其年龄分配函数为

$$g(t') = \begin{cases} (\eta/t_t)\exp(-\eta t'/t_t + \eta - 1) & t' \geq (1 - \eta^{-1})t_t \\ 0 & t' < (1 - \eta^{-1})t_t \end{cases} \tag{1-7}$$

式中，η 为系统中流动水总体积与指数型水体积之比。当 $\eta=1$ 时，该模型为指数模型；$\eta=\infty$ 时，该模型为活塞流模型。

知道氚输入函数和年龄分配函数，就可以求出输出浓度与年龄的关系，然后采用配线法获得采样点地下水年龄。活塞流模型或弥散度很小的弥散模型只能识别出1954年以来补给的地下水，典型弥散系统的可识别年龄上限可达100~200年，而指数模型最大可识别出1 000年的地下水。

刘进达根据1986—1998年期间的7个代表性大气降水同位素观测站的资料，讨论了我国大陆范围内的大气降水氚浓度的时间、空间的演化规律。各气候区的代表性观测站的氚浓度，在时间分布上，十几年来有普遍降低的趋势；在空间分布上，呈现出了北方内陆区高于南方沿海区、西北地区高于东部地区的大趋势（刘进达，2001）。

张应华等用活塞流模型（PFM）估算了黑河下游的额济纳盆地地下水的年龄，并为合理开发利用地下水资源提供了科学依据。该区地下水年龄均低于35年，深层承压水的更新期较长（25~30年），不宜大量开采利用深层地下水；额济纳旗至老西庙一带，浅层潜水更新期较短，适合合理地开发利用（张应华等，2006a）。

田华等利用1953—2003年降水氚浓度恢复结果，结合活塞流与全混合模型得出地下水系统的平均滞留时间，并估算地下水系统的平均更新速率。从冲洪积扇到冲洪积平原沙漠区，地下水的年龄逐渐增大，滞留时间增长，更新能力变弱。平原区潜水水流系统的氚值最高，地下水的年龄在30年左右，更新速率在6%左右，地下水更新能力强（田华等，2010）。

2）通过氟利昂（CFCs）估算地下水年龄

CFCs是Chlorofluorocarbons（氟利昂）的缩写，是一类纯人工合成的有机化合物，包括CFC-11（CCl_3F）、CFC-12（CCl_2F_2）与CFC-113（$C_2Cl_3F_3$）。CFCs是稳定的化合物，在自然条件下可以存在较长时间，其主要特点为：人工合成的有机化合物，无自然形成物；化学性质稳定、毒性低、不易燃和非腐蚀性；CFCs在平流层发生催化链式反应导致臭氧层空洞；CFCs吸收红外线，是产生温室效应的气体（秦大军，2004）。地下水CFCs定年是假定地下水中的CFCs与大气（或不饱和带土壤空气）CFCs达到了平衡，即在补给区的水与（不饱和带）大气中的CFCs已经达到平衡。相关学者已对大气中的CFCs浓度变化进行了较为详细的研究。

CFCs定年法最早出现于20世纪70年代中期（Thompson等，1979），是对现有较成熟方法（如^{3}H法）的补充。它可以较好地确定1950—1990年补给的地下水年龄。秦大军运用CFCs定年法分析了渭河河水与地下水的相互作用，傍河水源地水井的抽水量大时，可以吸夺部分河水，吸夺河水的量有限（<40%）。引起地下水CFCs浓度发生变化的主要因素为补给温度、过量空气、不饱和带的厚度、土壤吸附（土壤中CFCs浓度、土壤湿度、土壤有机质含量）、生物降解和污染等（秦大军，2004，2005）。

李晨等测定了关中盆地浅层地下水样品CFC-11、CFC-12和CFC-113浓度，以亨利定律为基础，建立了计算地下水CFC年龄的活塞流模型，计算了地下水表观年龄。关中盆地浅层地下水的年龄随埋深的增加而增大；从两侧山前向渭河，浅层地下水年龄呈增加的趋势；自然状态下，渭河水对地下水的影响仅局限在河道两侧2 km范围内（李晨等，2009）。

乔小娟等利用CFCs定年数据，计算山西静升盆地的含水层渗透系数。补给条件较好的区域与补给条件差的深层承压区相比，地下水年龄偏年轻；从冲洪积扇顶部到扇缘，地下水径流速度逐渐变缓，含水层渗透系数变小；在盆地南部较北部，地下水流动缓慢，渗透系数整体偏小；利用CFCs方法获得的渗透系数符合实际地质条件（乔小娟等，2009）。

Horst等运用气体示踪剂CFCs和放射性同位素（T、C-14）研究了墨西哥中部Silao Romita 流域超采区地下水的补给机制。CFCs 由于受到灌溉水的影响,在此特殊地区可能不适于对地下水进行定年,但能定性测量灌溉对地下水的补给量级。放射性碳同位素的测定结果表明,至少有一水样的滞留时间达到 10 000 年(Banoeng-Yakubo 等,2009)。

1.3.3 松嫩-三江平原地表水与地下水的研究进展

1.3.3.1 水资源的利用现状

松嫩平原的地下水天然资源为 148.21×10^8 m³/a,地表水天然资源为 79.08×10^8 m³/a,可利用地表水资源量为 29.86×10^8 m³/a,地下水资源量为 119.52×10^8 m³/a(章光新,2004)。由于缺乏大型控制性水利工程,地表水的利用程度较低,地下水是松嫩平原的主要供水源。由于超采地下水,已经在部分城市形成了地下漏斗。大庆市的降落漏斗最大,面积约为 3 600 km²,漏斗中心水位累计降深达 27.79 m;哈尔滨市的降落漏斗位居第二,面积约为 380 km²,漏斗中心水位累计降深为 24.41 m;齐齐哈尔市的降落漏斗面积约为 92 km²,绥化市和海伦市的漏斗面积较小(Mook,2000)。

三江平原地区的水资源总量为 161.96×10^8 m³,其中,多年平均地表径流量为 116.30×10^8 m³,地下水量为 85.56×10^8 m³,地表水与地下水重复水量为 39.91×10^8 m³。三江平原的现状用水量为 96.21×10^8 m³,其中,生活用水量为 2.99×10^8 m³,生产用水量为 93.08×10^8 m³,生态用水量为 0.15×10^8 m³。从比重看,生活用水占 3.11%;生产用水占 96.74%,其中,农业占总用水量的 85.84%;生态用水占 0.16%,说明三江平原地区以农业生产用水为主(钟幼兰等,2008)。但三江平原水资源的利用率较低,过境水资源的引用量少。三大江和大小兴凯湖等多年平均水资源量约为 $2\,700\times10^8$ m³,可供引用量为 100×10^8 m³,但目前的引用量只有 24×10^8 m³,只占可利用量的 24%(赵惠新,2008)。

松嫩-三江平原,特别是三江平原在大规模农业开发后,在开发利用水资源中存在一些问题。地下水资源是松嫩-三江平原广大井灌水稻区赖以发展的主要资源,通过打井种稻,"以稻治涝"取得了显著的效果,使人们的生活水平得到了很大的提高。但无节制地扩大水稻田的面积将导致地下水资源的危机。大面积开垦河漫滩沼泽,使湿地的调蓄洪水功能下降,洪涝灾害的发生频率及危机增大。

1.3.3.2 降水的研究进展

降水是地表水和地下水的主要补给源,对降水和气候特征的研究是研究地表水和地下水的基础。随着气候变化和人类活动的影响，对降水和气温的研究显得更为重要。曾丽红等研究了近50年来松嫩平原的气候趋势，在1960—2008年期间，经历了"湿润→干旱→湿润→干旱"4个交替过程，20世纪80年代初期、90年代末期为重要的转折点。在2008年之后的一段时间内，松嫩平原处于偏干时期（曾丽红等，2010）。栾兆擎等运用趋势系数和气候倾向率分析了松嫩平原地区50多年来气温及降水的时空变化。50多年来，气温有显著上升趋势，平均气温以0.348 7 ℃/10 a幅度升高。降水总体呈现弱的减少趋势，平均年降水量倾向率为–0.078 3 mm/10 a，且秋季降水减少趋势明显（栾兆擎等，2007b）。

闫敏华等分析了大面积开荒情况下，近40多年来三江平原的气候变化和发展趋势。三江平原地区40多年来变暖1.2～2.3 ℃，是东北区域增温幅度最大的地区之一。绝大部分地区的年降水量都呈减少的趋势，降水减少中心位于三江平原的平原地区。直接导致增温突变的原因可能是三江平原湿地的大面积开垦（Thompson等，1979；Yan等，2003）。栾兆擎等研究了三江平原50多年来的气温和降水变化，得到了三江平原增温和降水减少的结果。气温升高的季节变化表现为冬、春季升温大于夏、秋季。一年中冬季降水增加明显，1月份尤其显著，9月份降水明显减少（栾兆擎等，2007a）。由于受到东亚季风和地形因素的影响，松嫩-三江平原从东南到西北的平均年降水量呈减少的趋势（Liang等，2011）。

1.3.3.3 地表水的研究进展

松嫩-三江平原的地表水研究主要侧重于河流、湿地、湖泊等。根据"成因—水量—水质"三要素的综合分类方案，可将松嫩湖泊群划分为6个亚区（吕金福等，1998）。李云鹏分析了湿地保护区水域的水质年度及季节变化趋势，并对湿地净化水质的作用进行了研究（鞠建廷等，2008）。姚书春等通过分析采集的松嫩平原湖泊水的化学组成，得知湖泊多为$HCO_3^-·Na^+$型水，绝大部分水体的pH高于8.0，水体较高的pH对应其较高的盐分含量。姚书春等认为人类活动，如引水工程会对湖泊的水化学组成产生明显影响（姚书春等，2010）。

郭跃东利用1986年和2000年的遥感影像，分析了湖泊和沼泽的转移变化信息；湖泊面积的减少主要是因为湖泊退化为盐碱地和沼泽，而沼泽主要是转化为农田（郭跃东等，2005）。刘强等利用1986年（TM）和2001年（ETM）卫星遥感影像数据和RS-GIS集成技术，对松嫩平原湿地的现状和变化趋势进行了量化分析。在过去的15年中，松嫩平原的湿地面积减少了38.81%，其中，地表水体减少127 429 hm²，减少了

22.81%；沼泽面积减少 530 612 hm²，减少了 46.67%。降水减少，蒸发加大，水资源开发过大，以及过度放牧、围垦湿地是湿地退化的主要原因（刘强等，2010）。

张桂华等研究了三江平原各个地史时期的古水文网，从古地理角度论述了三江平原水系的演变（张桂华等，2002）。中国科学院长春地理研究所沼泽研究室对三江平原沼泽湿地进行了系统研究（中国科学院长春地理研究所沼泽研究室，1983）。近年来，相关学者对湿地景观生态和环境变化的研究较多（付强等，2008；汪爱华等，2003；张树清等，2002；章远钰等，2009）。水是湿地生态系统中最敏感的因子，水分输入与输出的动态平衡为湿地创造了有别于陆地和水体生态系统的独特物理化学条件。罗先香等从沼泽湿地水系统结构、流域水文、水动力学、水化学及水功能角度分析了三江平原的沼泽湿地水系统（罗先香等，2003）。

1.3.3.4 地下水的研究进展

松嫩平原一级地下水系统在东西向剖面上可划分为三级地下水流动系统：东部区域地下水流系统和西部区域地下水流系统，分别含有中间性地下水流系统和局部地下水流动系统，第四系孔隙潜水受地形地貌条件控制，常形成三级（局部）地下水流动系统；第四系孔隙承压水在一些地段形成二级（中间性）地下水流动系统；而接受东部和西部补给的第四系孔隙承压水、新近系、古近系裂隙孔隙承压水和白垩系孔隙裂隙承压水主要形成了一级（区域）地下水流动系统（Schmidt等，2006）。C-14和氚的测定结果表明第四系孔隙潜水循环条件好，水交替积极而活跃；第四系孔隙承压水次之；而新近系、古近系裂隙孔隙承压水和白垩系孔隙裂隙承压水从盆地边缘向盆地中心，水循环条件逐渐变差，径流缓慢迟滞。Feng等在松嫩平原开展了大量调查、观测和实验，利用 Groundwater Modeling System 建立的地下水模拟的三维模型，对地下水位进行了预报和预测（Feng等，2009）。

三江平原从山丘区到平原区，其含水岩组分布及水文地质条件基本相似，地下水的补给、径流、排泄条件差别不大。地下水水位埋藏浅，水力坡度甚小，故平原内部径流微弱，排泄边界径流相对较强，故地下水流向分别指向所排泄的江河或湖泊。三江低平原地下水总体流向为西南—东北，穆棱兴凯湖平原地下水总体流向为西北—东南（王勇等，2004）。

三江平原地区地下水类型有第四系松散砂砾石孔隙水、第三系碎屑岩类裂隙水和基岩裂隙水。山丘区基岩裂隙水埋藏条件下复杂，富水性不均一；山前台地水量贫乏；平原区含水层结构单一，厚度大，水量丰富，具有良好的开发条件（尹喜霖等，

2004）。

尹喜霖等认为在三江平原，积极或中等地参与现代地球水圈水文循环的地下水，即为浅层水，厚度大约为50 m。缓慢和极缓慢地参与现代地球水圈水文循环的地下水即为深层水。在三江地区的平原区，浅层地下水与深层地下水之间不存在一个显著的分界面。将地下水粗略地划分为：潜水位至以下5 m属积极交替带，现代水层；5～50 m属中等交替带，年龄为500～3 500年；50～150 m属缓慢交替带，年龄为3 500～10 000年；150 m以下属极缓慢交替带，年龄大于10 000年。另外，所有样品所测$\delta^{13}C$和$\delta^{18}O$皆为负值。$\delta^{13}C$值由-20.52‰至-14.60‰，$\delta^{18}O$值由-19.34‰至-9.23‰，说明不同深度的潜水均来自大气降水入渗补给（尹喜霖等，2004）。

杨文等通过对部分地区地下水样碳14年龄测试，发现三江平原大厚度松散岩类孔隙水的年龄随含水层深度的增加而增大，在剖面存在着明显的分带性。循环深度、地下水年龄和径流强度分为4带：地下水循环深度小于50 m，年龄在3 000年以内，地下水径流较强；循环深度为50～100 m，年龄在3 000～4 500年，地下水循环强；循环深度为100～200 m，年龄在4 500～10 000年，地下水循环弱；循环深度为200～300 m，年龄在10 000～20 000年，此带内的地下水径流极其微弱。第四系孔隙水随深度的增加，地下水径流强度减弱，水交替缓慢迟滞（杨文等，2005）。

三江平原地区大规模种植水稻、大量开采地下水引起地下水位下降。1997—2001年，地下水位平均每年下降0.4 m，而同期降水量比多年平均降水量少30 mm，因此在目前的水稻种植比例情况下，地下水位降低加强了地下水之间的交换和河道对地下水的补给，在多年平均降水量情况下，可维持地下水的基本平衡（Wang等，2003）。王韶华等（2003）建议控制水稻种植面积的发展，或者采用"薄—浅—湿—晒"等节水灌溉方法，以减少地下水的开采；尽可能修建灌-排结合渠系，拦蓄降雨径流，并增加降雨入渗补给；应配套、完善地表灌溉渠系，提高地表水的利用率。

1.3.3.5　地表水与地下水相互作用的研究进展

在平原区，地下水与河流相互转化关系的定量评价有着重要的作用。谭世燕等用水文测流法和河流水文图成因分解法对松嫩平原区地下水与河流转化关系的定量评价进行了探讨。松嫩平原排泄入河流的地下径流量为$77.70\times10^8 \text{ m}^3/\text{a}$，平原（主要为低平原区）潜水蒸发量为$21.22\times10^8 \text{ m}^3/\text{a}$，在平原水均衡消耗项中占突出地位。估算值经平衡方程式检验，效果较好（Cook，2009）。尹喜霖等分析了沼泽形成与大气降水、地表水、地下水间的关系。由于冻层阻隔，融冻水、融化雪水及春季降水大量汇聚地表，成为沼泽水形成的重要水源。而位于山前洪积扇前缘或地下水溢出地带的古河道，使得地下水也参与了沼泽水的补给作用（尹喜霖等，2003）。

苏跃才等对松嫩平原的降水、地表水和地下水氢氧同位素进行了研究。认为大气降水对松嫩平原地下水的形成具有普遍意义，河谷潜水、砂砾石扇形地潜水和扶余松拉河间地块承压水尚有河水混入；各类潜水、白垩系构造裂隙水、白垩系承压水的平均滞留年龄小于30年，水交替更新周期短；其他各类承压水的平均滞留年龄大于40年，水交替更新周期长（苏跃才等，1988）。

松嫩-三江平原具有特殊的自然地理、气象水文和水文地质条件，水资源丰富，地表水系发达，地下水水位埋深浅。前人对松嫩-三江平原的水资源、地表水和地下水的研究主要侧重于单一的水体，如降水、地表水或地下水，而对各水体之间的相互转化的研究较少。在该地区，已有的研究表明降水、地表水与地下水有着转化关系。如何定量评价地表水与地下水的转化关系，揭示地表水与地下水的相互作用机理，是研究松嫩-三江平原水循环规律的重要方面之一。结合相关资料，运用同位素和水化学的方法，研究地表水和地下水相互作用的机理，建立相互作用的概念模型，旨在从水资源评价和管理的角度为大规模的农业开发和粮食增产提供理论依据。

1.4 本章小结

松嫩-三江平原已从"北大荒"转变为"北大仓"，成为我国重要的商品粮生产基地，对国家粮食安全至关重要。松嫩平原跨越黑龙江、吉林及内蒙古，粮食总产量和农业总产值均显著增长。三江平原经过农业开发，耕地面积大幅增加，水稻种植面积上升，农业用水需求加大。为满足国家粮食增产的需求，黑龙江省设定了增产目标，并在不同区域采取相应措施扩大主要作物的种植面积。

水资源管理成为保障粮食可持续增产的关键，尤其是地表水与地下水的合理利用与配置。地表水和地下水之间存在复杂的相互作用关系，这对有效的水资源管理来说至关重要。在松嫩-三江平原，过去的研究多集中于单一水体，而对水体之间的相互转化研究较少。结合同位素和水化学方法，旨在定量评价地表水与地下水的相互作用，建立相互作用概念模型，为大规模农业开发和粮食增产提供理论支持。

第 2 章

研究区概况及研究方案

松嫩-三江平原是我国重要的商品粮生产基地，松嫩平原同时也是能源基地和工业城市密集地区。在综合分析现有数据资料的基础上，通过野外考察和室内分析，运用同位素和水化学组成相结合，利用新技术、多元信息耦合的方法，采用数据分析与模型模拟相结合，研究地表水与地下水的相互作用机理，为保障国家粮食安全和完成粮食增产任务，以及水资源的合理利用提供理论支撑。

2.1 研究区概况

2.1.1 地理位置

松嫩平原的平原区总面积为 18.28×10^4 km²。该行政区跨黑龙江、吉林两省和内蒙古自治区一少部分，地理坐标为 E 121°21′~128°18′、N 43°36′~49°26′。三江平原位于中国的东北隅，黑龙江省东部，西起小兴安岭，东至乌苏里江，北起黑龙江，南抵兴凯湖，经纬度从 E 129°11′20″~135°05′10″、N 43°49′55″~48°27′40″，是我国经度最东的区域（何璘，2000）。

2.1.2 地形地貌

松嫩平原为一四周高、中部低，由周边向中部缓慢倾斜的半封闭式不对称盆状地形，总体上呈北东向延展的菱形。该区内地形大体可分为东部高平原、中部低平原及西部山前倾斜平原3部分。最高点在北部的五大连池市附近的南格拉球山，海拔为602.6 m；最低点在哈尔滨附近的松花江河谷中，海拔为116.6 m。松嫩平原地面倾向西南，嫩江与松花江汇流处的地势最低。平原海拔为120~200 m，嫩江和松花江河谷的平均海拔为140~150 m。

三江平原是由黑龙江、松花江和乌苏里江三江共同作用形成的冲积平原。完达山将三江平原分为两部分，完达山以南为穆棱-兴凯平原，完达山以北是三江低平原。三江平原在地貌上呈西南高、东北低。平原区的一级阶地和河漫滩海拔高程一般为40~80 m，东北角最低为34 m。三江平原的山脉主要有长白山系的太平岭、老爷岭、肯阿特山和不属于长白山系的完达山、那丹哈达岭以及小兴安岭东部的青黑山。海拔高程一般为500~800 m，最高峰是老爷岭的天岭，海拔为1 115 m。三江平原地貌形态类型，可分为低山、丘陵、山前台地、扇形平原、河谷平原、低平原与山间平原。其中，平原、洼地和沼泽面积为664.3×10^4 hm^2，占61%；山地、丘陵面积为424.7×10^4 hm^2，占39%。

在松花江干流吉林江段流域，地势总趋势是东南高、西北低，以大黑山脉为界，东为长白山区，西为松辽平原。长白山白云峰海拔为2 691 m，是吉林省内的最高点，也是东北地区的最高峰，其附近诸山峰也多在2 000 m以上，松辽平原海拔在120 m以下。地貌可按类型划分为台塬台地、中山低山、低山丘陵、丘陵、山间盆谷地、高平原、山前倾斜平原和低平原8个类型（张宗祜等，2005b）。

2.1.3 气候水文

松嫩平原属温带大陆性半湿润、半干旱季风气候，多半为干旱区，具有温度高、风速大、湿度低、蒸发量大等特点。冬季寒冷漫长，夏季温湿多雨。全年平均气温为4.0~5.5 ℃，1月平均气温为 −26~−16 ℃，7月平均气温是21~23 ℃；全年降水量为400~600 mm，降水量的70%~80%集中于6~9月，且在空间上自东向西逐渐减少，水面蒸发能力为700~1 100 mm。日照时数为2 200~3 300 h。全区无霜期日数变化为115~160 d。松花江干流吉林江段流域为温带大陆性季风气候，自东南向西北，由湿润、半湿润到半干旱呈规律性变化，平均气温为2~6 ℃。降水量由东南向西北递减，平均降水量为300~1 400 mm，夏季降水量占全年降水量的60%以上，吉林省多年平均降水量为660 mm，潜在蒸发量为1 033~1 897 mm，大致自东南向西北递增（张宗祜等，2005b）。

三江平原属寒温带大陆性季风气候区，全区多年平均降水量为450～650 mm，降水年内分配不均，大部分集中在6～9月，占全年降水量的70%左右，气温南高北低，平原高山区低，年平均温度为1～3 ℃，一年中日平均气温≥10 ℃的活动积温为2 300～2 500 ℃；多年平均潜在蒸发量为550～840 mm。

松嫩平原主要水系有嫩江、松花江、松花江干流吉林江段及其支流。嫩江、松花江干流吉林江段在吉林省松原市三岔河附近汇合后，形成松花江干流，向东北方向流去，之后又有拉林河和呼兰河注入。松嫩平原的湖泊主要有构造湖、河成湖、风成湖、堰塞湖、人工湖等成因类型（吕金福等，1998）。平原上分布着7 000多个较大的湖泊，湖泊总面积达25.7×10⁴ hm²，湖泊率为6%；湿地面积为254.2×10⁴ hm²，湿地率大于20%（栾兆擎等，2007b）。其中，国家级湿地自然保护区有扎龙、向海和莫莫格等，扎龙和向海湿地已被列为国际重要湿地。

三江平原水系主要有松花江、黑龙江和乌苏里江三大河流，还有挠力河、穆棱河及其支流，还包括兴凯湖。河流顺应总地势自西南流向东北。在山区，河流切割山地，形成谷窄流急的深谷，到河流出口流到平原区，河流比降迅速减小，达1/10 000～1/5 000，形成广阔的河漫滩，最宽达10～15 km。河道为分叉型和自由河曲型，一般弯曲系数达1.2～2.6，最大达3.5（七虎林河）。许多河流形成无明显河床的沼泽性河流或无尾河（裘善文，2008）。水文网变迁时遗留下来的古河漫滩和古河道河曲带，由于地势低洼，排水不畅，湿地分布较多（裘善文等，1979）。兴凯湖是东亚地区面积最大的淡水湖，海拔约为69 m，南北长约95 km，宽40～85 km，总面积为4 380 km²，北部有1 240 km²位于我国境内。

截至2005年，松花江流域拥有大型水库25座，年末蓄水总量达154.51×10⁸ m³，中型水库118座，年末蓄水总量15.55×10⁸ m³。察尔森水库位于内蒙古自治区科尔沁右翼前旗境内，在嫩江洮儿河上，总库容为12.53×10⁸ m³，兴利库容为10.33×10⁸ m³，死库容为0.34×10⁸ m³。月亮泡水库位于吉林省大安市月亮泡镇，嫩江洮儿河上，总库容为11.99×10⁸ m³，兴利库容为4.59×10⁸ m³，死库容为0.25×10⁸ m³。山口水电站位于黑龙江省五大连池市德都县，嫩江讷漠尔河上，总库容9.95×10⁸ m³，兴利库容为4.3×10⁸ m³，死库容为3.1×10⁸ m³。镜泊湖水电站位于黑龙江省宁安市境内的牡丹江中游河段上，总库容为18.24×10⁸ m³。莲花水库位于黑龙江省林口县，牡丹江上，总库容为41.8×10⁸ m³，兴利库容为15.9×10⁸ m³，死库容为14.6×10⁸ m³。

白山水电站位于吉林省桦甸与靖宇两县交界的松花江干流吉林江段上，总库容为 $59.1\times10^8\ m^3$，兴利库容为 $29.43\times10^8\ m^3$，死库容为 $20.24\times10^8\ m^3$。丰满水电站是东北地区最早修建的第一座大型水电站，位于松花江干流吉林江段距吉林市上游 24 km 处，坝顶全长 1 080 m，高 90.5 m，总库容为 $109.88\times10^8\ m^3$，兴利库容为 $61.64\times10^8\ m^3$，死库容为 $26.85\times10^8\ m^3$。石头口门水库位于吉林省饮马河中游，总库容为 $12.64\times10^8\ m^3$。新立城水库在松花江流域饮马河支流的伊通河上，总库容为 $5.92\times10^8\ m^3$，防洪库容为 $3.02\times10^8\ m^3$，兴利库容为 $2.73\times10^8\ m^3$。新立城水库是一座以供给长春市工业和生活用水为主，同时结合下游防洪、防涝、发电和养鱼等综合利用的大型水库。水利工程改变了地下水循环条件，增大了地表水对地下水的补给。

松嫩-三江平原位于我国高纬度地区，受全球气候变化和人类活动的影响显著。在 1951—2002 年的 50 多年里，松嫩-三江平原的气温有显著的上升趋势。三江平原的平均气温以 0.303 ℃/10 a 的幅度升高，冬春季升温剧烈，达 0.512 ℃/10 a；夏秋季的变化趋势减弱，为 0.153 ℃/10 a（栾兆擎等，2007a）。松嫩平原平均气温以 0.349 ℃/10 a 的幅度升高，冬春季升温剧烈，达 0.575 ℃/10 a；夏秋季的变化趋势减弱，为 0.187 ℃/10 a（栾兆擎等，2007b）。松嫩-三江平原降水的总体趋势性变化不显著，但呈现弱的减少趋势。其中，松嫩平原的平均年降水量倾向率为 –0.0783 mm/10 a；三江平原的平均年降水量倾向率为 –8.926 mm/10 a，且秋季的降水减少明显，冬季降水增加。松嫩平原的气温变化幅度高于三江平原，而三江平原的降水减少程度大于松嫩平原。不同地区的主要水文观测站的 1997—2007 年日降水量及流量如图 2-1 所示。

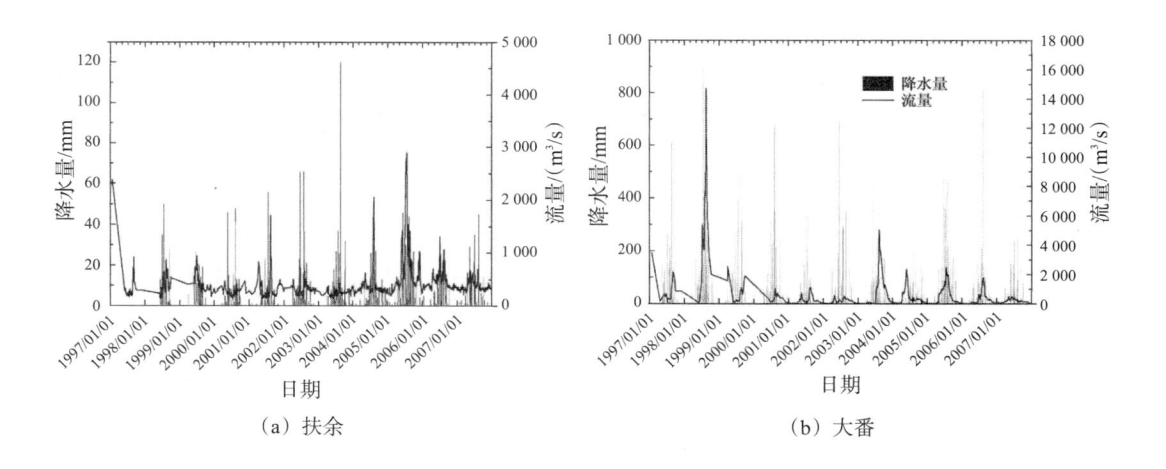

(a) 扶余

(b) 大番

(c) 哈尔滨　　　　　　　　　　　　　　(d) 佳木斯

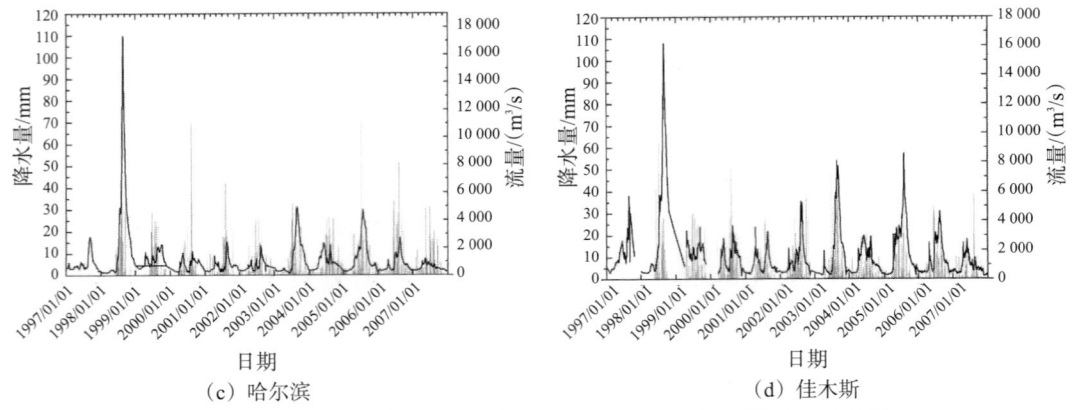

图 2-1　不同地区的主要水文观测站的 1997—2007 年日降水量及流量
（资料来源：中国水文水资源科学数据共享网 http://www.hydrodata.gov.cn）

2.1.4　地质构造

松嫩平原是中新生代松辽大型断陷盆地的一部分，沉积了厚约 8 000 m 的陆相含油建造。该区位于华夏系第二沉降带，是在中生代断陷盆地的基础上发展起来的冲积和湖积平原（栾兆擎等，2007b）。松嫩平原北部、东部、南部为隆起区，西部为斜坡区，中部为大面积坳陷区，地表水及地下水流向平原的中心。松嫩平原在第四纪初期以来一直属于缓慢的沉降状态，沉积了厚达百余米的松散堆积物，构成了平缓的地形表面。厚度很大的疏松的第四纪沉积物及平缓的地形表面，为大气降水的渗入、地下水的集聚形成了有利条件（黑龙江省地质局水文地质工程地质大队，1959）。

松嫩平原地下水埋藏受区域地形、岩石性质的影响，潜水埋藏的规律遵循着区域的地势条件。地下水埋藏深度在平原边缘的山地区，一般为 8~15 m；山前倾斜平原地带的地下水埋藏深度为 6~8 m，河谷地段的地下水埋藏深度一般为 0~4 m（张宗祜等，2005a，2005b）。平原大部分地区均有成片的均匀的潜水含水层，水量丰富，因此，完全可以满足农田灌溉的供水。但是该区降水的集中性，使得地表水的利用受到限制，因而比较稳定的潜水利用为农田发展开辟了广阔的远景。在水质方面，大部地区为矿化度小于 1 g/L 的淡水，这是利用地下水有利的一方面。灌溉系数普遍小于 6，适于灌溉（黑龙江省地质局水文地质工程地质大队，1959）。

三江平原在构造上属海西褶皱的凹陷带，在中生代开始陷落。在平原的边缘地带有侏罗纪及火山岩层出露，在凹陷带中部，由火山岩构成屹立的若干孤山。在新第三纪至第四纪初期，该区再度发生大规模的下陷，第四纪初期以后略有上升，接着又有缓慢的下降，堆积再次进行，因而形成了第四纪堆积物的广泛分布，在地质构造上属山间盆地。兴凯湖盆地的形成约在上第三纪，平原的造成除兴凯湖的堆积作用外，主要为穆棱河的冲积（黑龙江省地质局水文地质工程地质大队，1959）。

地下水的埋藏受着地形的控制，也随着后者及岩石的性质而有所不同。总的来说，地下水埋藏深度在平原边缘的山区地带一般为5~10 m，山前平原地带的地下水埋藏深度为4~8 m，河谷地带的地下水埋藏深度一般为0~2 m。该区在水质方面亦符合灌溉要求，矿化度一般均小于1 g/L（张宗祜等，2005a）。三江平原的沼泽（湿地）分布很广，为了改良土质，必须人为地调节浅水动态及采用其他疏干措施。

松嫩-三江平原有的地区由于开采量过大，形成区域性降落漏斗，如大庆地区的漏斗中心降深已超过40 m；哈尔滨市的地下水降落漏斗面积达230 km^2，中心降深达28 m。尤其是地下水开采量增长很快，1993年统计为37×10^8 m^3，至1998年就达到57.7×10^8 m^3（林明等，2002）。人类活动对地下水的不合理利用，已经造成地下水位下降，并可能引发生态环境及地质问题。

2.1.5 土壤植被

松嫩平原的土壤类型主要包括黑土、黑钙土、暗棕壤、草甸土、沼泽土等。松嫩平原是世界上三大片苏打盐碱化土壤之一，苏打盐碱化土地面积为2.3×10^6 hm^2，占总面积的21.5%，主要集中分布在霍林河和洮儿河的中、下游地区。该区的地带性植被为草原，在沙地是稀树性草原，乔木以榆树为主，多为"老头榆"，甸子地为羊草草原。土地盐碱化是生态环境恶化最主要的问题之一，不仅制约着农牧业和农村经济的发展，而且危及人民的生产和生活。盐碱化草原治理的方向是以草为业，最终实行草、畜分离。在低洼地，以稻为主的"稻苇鱼"复合生态模式是综合治理和开发的最佳模式（裘善文，2008）。根据中国科学院地理科学与资源研究所地球系统科学数据共享平台提供的1：100万土壤类型数据，制作了松嫩-三江平原的土壤类型分布。

三江平原土壤有黑土、草甸土、白浆土、沼泽土、暗棕壤、水稻土、冲积土、沙土等类型。其中，暗棕壤、草甸土、白浆土和沼泽土等4种土类占总面积的83.4%。耕地土壤以草甸土、白浆土和黑土为主。大多数土壤的有机质和养分总储量高，有较高的潜在肥力。表层有机质含量在30 g/kg以上的土壤约占总面积的85%。各土类表层的有机质含量平均为55 g/kg，全氮含量为1.5~10 g/kg，全磷含量平均为1.8 g/kg，全钾含量平均为21.1 g/kg。三江平原由于受到黏、冷、瘠等因素的影响，有较大面积的低产土地。松嫩–三江平原的水文地质剖面如图2-2所示。

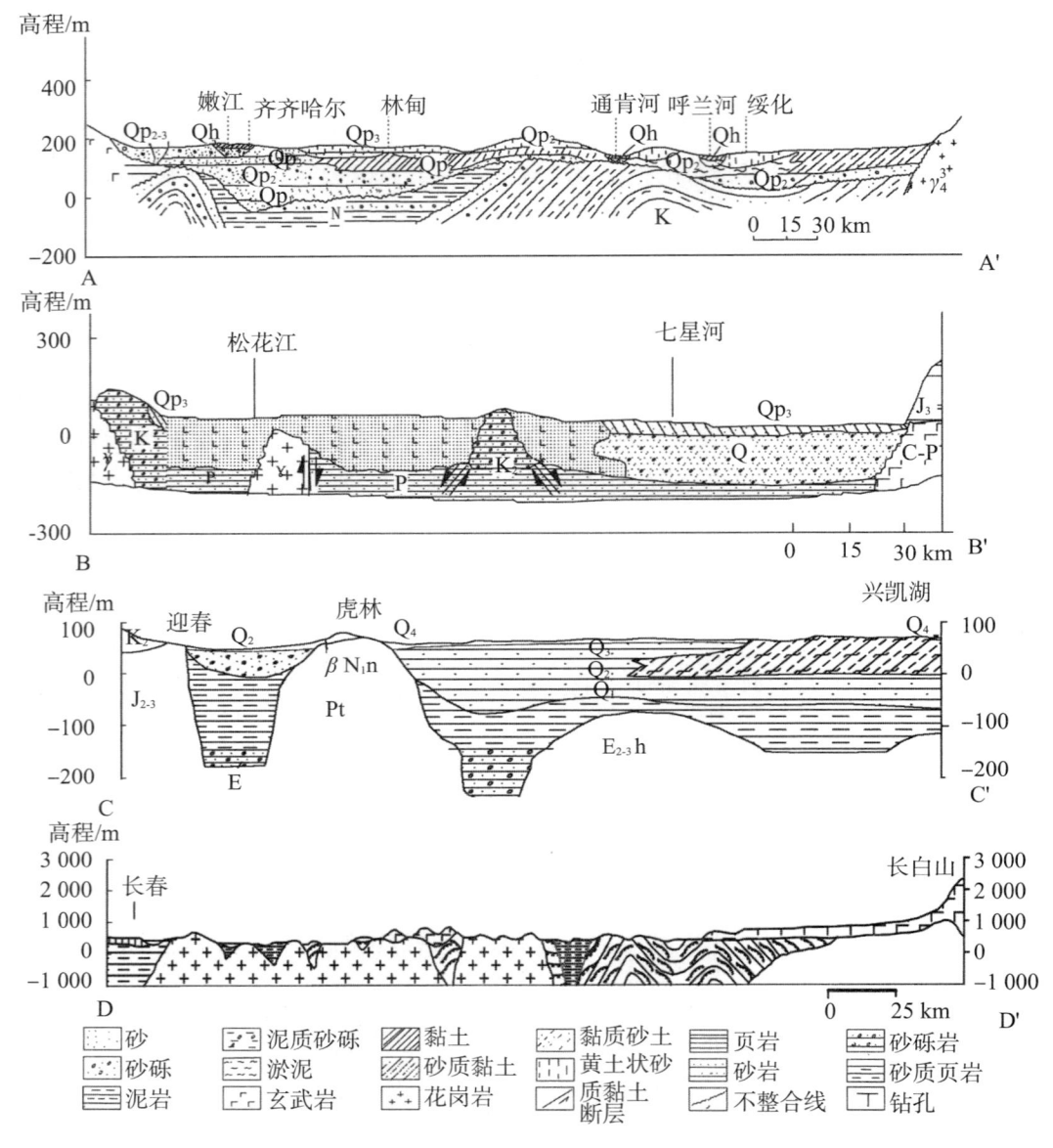

图2-2 松嫩–三江平原的水文地质剖面
(资料来源：《中华人民共和国水文地质图集》http://www.resdata.cn/data/hydroset/)

三江平原的天然森林是以柞树为主的杂木林和以山杨、白桦为主的次生林，乔木高8~11 m，郁闭度为0.4~0.6。灌木高0.5~0.9 m。草本植物为以禾本科和菊科为主的杂草类。在残丘背阴的山坡上分布着杨桦林，覆盖度为0.3~0.5，禾木高10~20 m，林下植被与阔叶林相似（周志强，2005）。天然森林多分布在平原中残丘、山前台地、河流两侧，呈岛状分布，以蒙古栎林为主。在江心岛，多生长柳树和灌木等。人工林多为柳、杨、榆、槐树、落叶松、樟松等，分布于城市附近及公园、农田防护林和道路两侧。三江平原现有草原 $4.2\times10^4\ hm^2$，分布于富锦、集贤、宝清、桦川等县的漫坡漫岗和松花江平原上。沼泽植被主要分布在抚远、同江、绥滨、饶河、萝北及富锦、宝清县的低湿地上。

2.1.6 土地利用

三江平原在未开发前存在大面积的沼泽湿地。新中国成立后，建设者们对三江平原进行了三次大规模的开发。然而，过度开荒也破坏了这里的原始生态环境，三江平原已由原来的以自然生态为主的环境系统转变为以半自然生态为主的环境系统。三江平原的湿地是亚洲最大的淡水湿地之一，一直备受全球关注，特别是1994年的《中国生物多样性行动计划》实施之后，三江平原就成为国家高度重视的湿地保护区域。2002年，三江平原被世界湿地公约组织列入世界公约名录。三江平原各时期的自然湿地面积见表2-1所列。

表2-1 三江平原各时期的自然湿地面积

年份	湿地面积 / $10^4\ hm^2$	占平原总面积的比例 / %
1954	353	32.42
1976	221	20.30
1986	139	12.77
1995	121	11.17
2000	96	8.81
2005	81	7.45

注：数据来自黄妮等于2009年发表的《1954—2005年三江平原自然湿地分布特征研究》。

根据中国科学院地理科学与资源研究所地球系统科学数据共享平台提供的1980年、1995年、2000年的三期土地利用矢量数据，将土地利用类型分为林地、草地、水域、城乡工矿居民用地、未利用地、水田和旱地7大类。将耕地分为水田和旱地，可分析各时期耕地面积变化的组成。松嫩–三江平原于1980年、1995年和2000年的土地利用情况如图2-3所示。松嫩–三江平原的土地利用类型以旱地和林地为主，2000年，在三江平原，旱地占总面积的39.6%，林地占总面积的31.4%；在松嫩平原，旱地占总面积的33.8%，林地占总面积的35.2%。松嫩平原的草地面积所占比例比三江平原高，在2000年，分别为13.6%和3.9%。然而，三江平原的水域面积和水田面积所占比例比松嫩平原大。未利用地在松嫩-三江平原的面积仍不小，在2000年，分别占总面积的7.5%和8.4%。

三江平原的耕地面积增加明显，1980—1995年期间，旱地增加比重大，1995年后，水田面积增加显著。1995年，水田面积为3.9×10^3 km^2，2000年剧增到1.0×10^4 km^2，而旱地的面积减少了3.5×10^3 km^2。林地、草地、水域和未利用地的面积都不同程度地减少，特别是草地和未利用地一直呈减少趋势，且减少面积多。草地的面积在1980年为7.1×10^3 km^2，2000年减少为4.0×10^3 km^2；未利用地的面积在1980年是1.1×10^4 km^2，2000年的面积为8.7×10^3 km^2。耕地变化是驱动三江平原其他土地利用变化的直接因素，湿地、林地与草地对耕地的增加贡献最大。耕地变化与人口增加关系密切，同样地，国家宏观农业政策与市场对土地利用格局变化起着不可忽视的作用，近年来，水田面积的快速增加就是其直接作用的结果（宋开山等，2008a）。

松嫩平原的耕地面积逐期增加，1980年的耕地面积为1.5×10^4 km^2，1995年的耕地面积为1.6×10^4 km^2，2000年的耕地面积增加到1.7×10^4 km^2。不同时期的水田和旱地面积的幅度不同，1980—1995年期间，以水田面积增加为主，1995年后，旱地面积增加显著，水田面积基本保持不变。林地、草地和水域的面积呈减少趋势。林地和草地面积减少得最多，1980—2000年，分别减少了8.1×10^3 km^{2}和6.9×10^3 km^2。未利用地面积于1995年减少，而后有所增加。松嫩平原所增加的耕地大部分由草地转化而来。盐碱地面积增加主是由旱地、草地、水域和湿地退化和盐碱化所致（汤洁等，2008）。

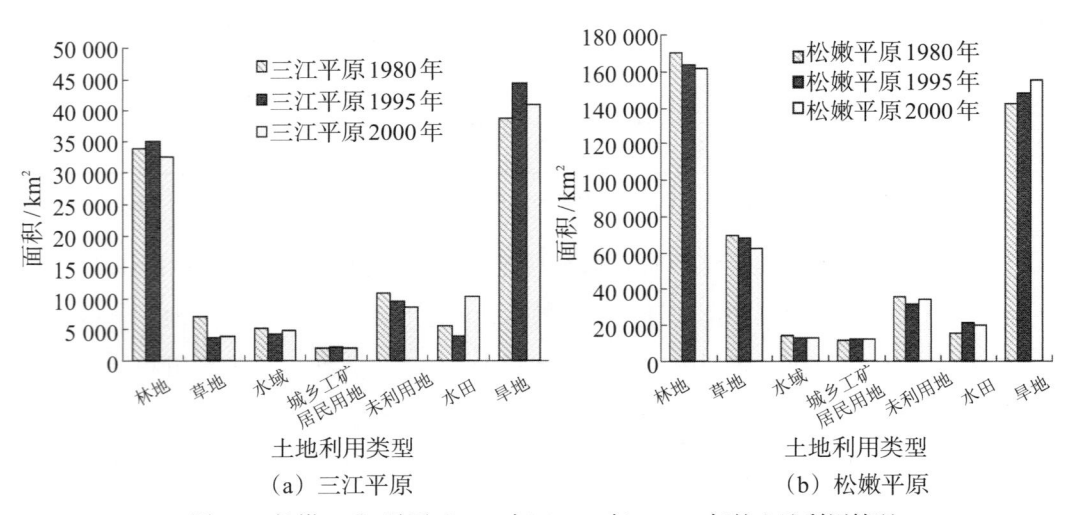

图2-3 松嫩-三江平原于1980年、1995年、2000年的土地利用情况

2.2 研究方案、样品采集及分析

2.2.1 研究方案

2.2.1.1 研究目的

以大规模农业开发为主的松嫩-三江平原为研究对象,开展野外考察采样和室内分析,采用以环境同位素技术为主,结合水化学和氟利昂CFCs方法,研究地表水和地下水的同位素和水化学特征,揭示地表水与地下水的相互作用机理,评估浅层地下水的更新能力,评价地表水与地下水的灌溉适宜性,为松嫩-三江平原合理利用水资源提供理论依据。

2.2.1.2 研究内容

1) 降水、地表水和地下水的同位素分布特征

通过分析气象水文资料,了解松嫩-三江平原气象和水文要素的变化特征。根据中国大气降水同位素观测网络(CHNIP)野外站点的同位素观测数据,建立当地大气降水线。分析野外采集水样的同位素组成,了解研究区水体的同位素在空间上分布的特征。根据同位素信息,初步分析地表水与地下水的相互作用关系。

2) 降水、地表水和地下水的水化学空间分布特征

分析野外采集水样的水化学组成,了解研究区水体水化学的空间分布特征。根据水化学特征,初步分析地表水和地下水来源,确定地下水运动路径。

3) 估算地下水年龄,评估浅层地下水的更新能力

通过测定野外采集的氟利昂和放射性同位素氚样品,分析浅层地下水中氟利昂和氚的分布特征。根据地下水氚年龄的计算模型估算地下水的滞留时间,进而评估浅层地下水的更新能力,为合理开采利用地下水资源提供理论依据。

4) 建立概念模型,揭示地表水与地下水的相互作用机理

在分析地表水和地下水的同位素和水化学特征的基础上,根据同位素和示踪剂质

量守恒，定量研究地表水与地下水的相互转化关系。结合水文地质资料，建立地表水与地下水相互作用的概念模型，揭示地表水与地下水相互作用机理，为合理、高效利用地表水和地下水资源提供理论基础。

2.2.1.3 研究方法

1）资料收集

收集松嫩–三江平原自然地理、数字高程（DEM）、水文地质、土地利用及气象水文，包括研究区河流水系、居民点等基础地理数据，黑龙江流域水文站的水位、流量观测资料（1997—2007年），农业开发及社会经济情况等。农业开发区地表水与地下水相互作用的示意图如图2-4所示。

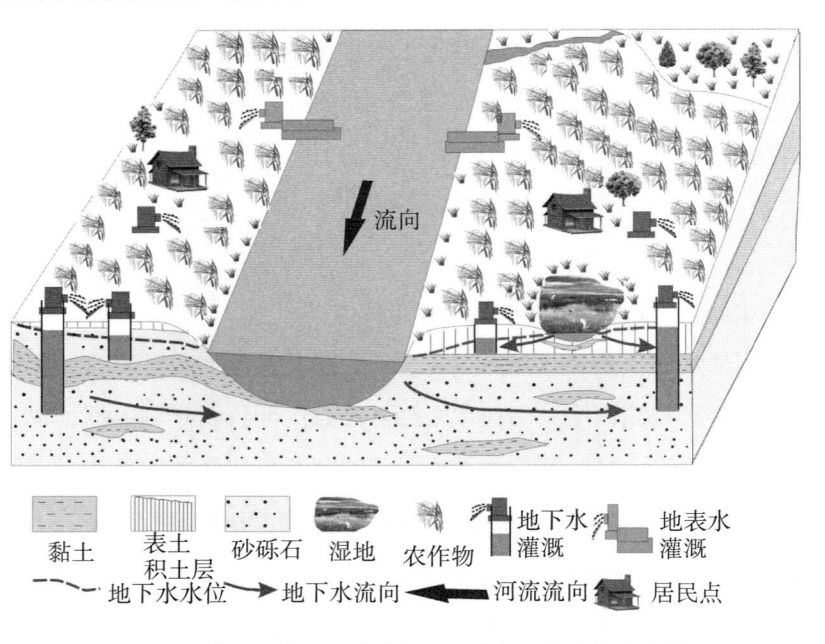

图2-4 农业开发区地表水与地下水相互作用的示意图

收集整理全球大气降水同位素观测网络（GNIP），包括哈尔滨站、长春站、齐齐哈尔站，以及中国大气降水同位素观测网络（CHNIP），包括三江站、海伦站和长白山站的降水同位素观测资料。收集整理研究区的地表水、地下水及水循环方面已有的研究成果。

2）野外考察、样品采集

在三江平原，主要沿松花江、黑龙江、乌苏里江和兴凯湖进行野外考察和样品采集；在松嫩平原，主要沿嫩江、松花江干流吉林江段和松花江干流考察地形地貌、水系分布、土壤植被等，并沿线采集地表水和地下水样品。2009年9月、2010年8月和2011年6月，分别对三江平原、松嫩平原和松花江干流吉林江段进行了野外考察和样品采集。

为对比分析地表水与地下水的相互作用，除沿河流采取地表水水样之外，在邻近地表水采样点处，分别采取浅层地下水及深层地下水水样。在取地下水水样时，用GPS测定并记录采样点的地理位置，测定井的埋深，测定水井井深；在现场用WM-22EP便携式电导仪（TOADKK，Japan）测定地表水和地下水的电导率（electrical conductivity，EC）、pH、水温。在现场分别用Oxi3310和pH3110（WTW，Germany）测定了水中的溶解氧（dissolved oxygen，DO）和氧化还原电位（oxidation reduction potential，ORP）。

3）室内分析

室内分析主要测试所采集的降水、地表水和地下水中的氢氧稳定同位素（^{2}H、^{18}O）、放射性同位素（^{3}H）以及氟利昂（CFCs）组分。同时，测定水样中的主要阴阳离子（Ca^{2+}、Na^+、Mg^{2+}、K^+、Cl^-、SO_4^{2-}、HCO_3^-、CO_3^{2-}）含量。

4）数据分析与模型模拟

运用数据分析软件对所测定的同位素和水化学等数据进行统计分析，阐述不同水体之间的差异性，进而分析水体之间的相互关系，揭示水体类型的变化。通过对同位素和水化学测定数据进行作图，运用图解方法，分析不同水体之间的差异及相互关系，揭示水体类型的演化过程。运用PHREEQC对水体的主要离子含量进行模拟，分析水体的混合过程。

2.2.1.4 技术路线

松嫩–三江平原地表水与地下水的相互作用机理研究的技术路线如图2-5所示。

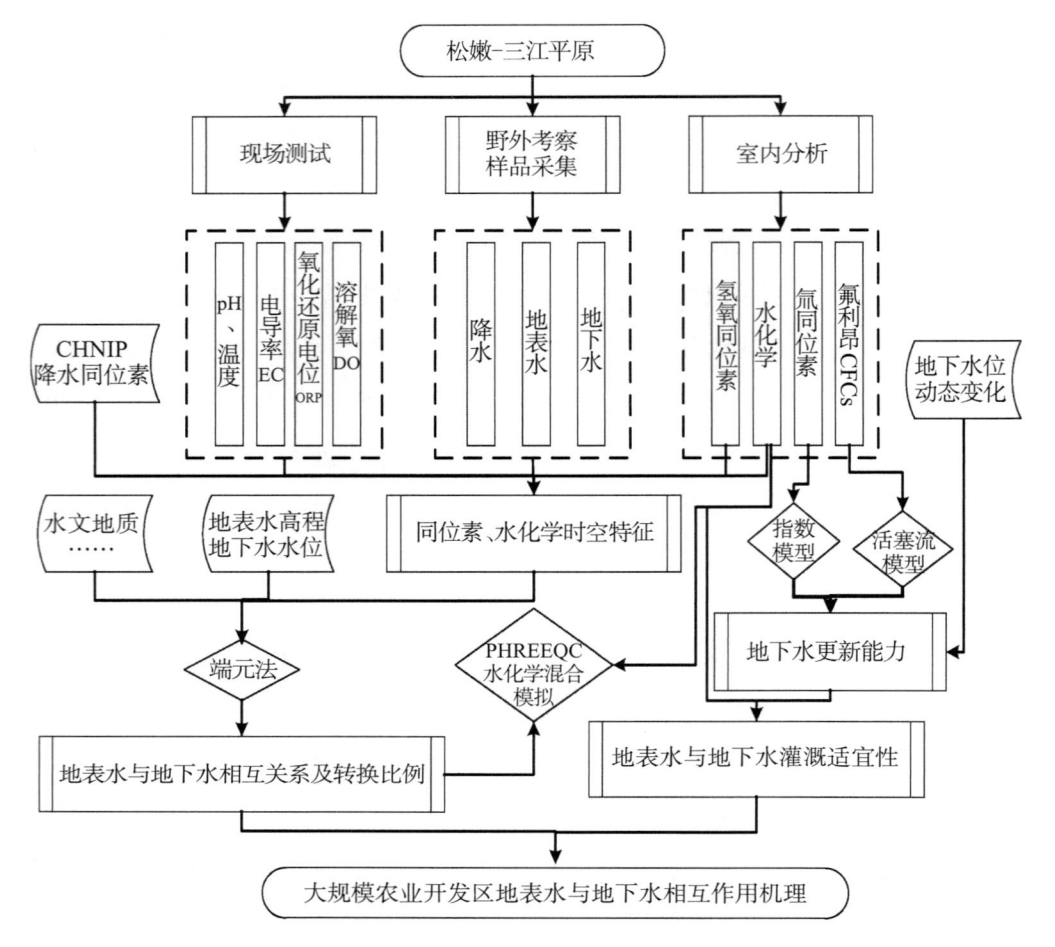

图 2-5 松嫩-三江平原地表水与地下水的相互作用机理研究的技术路线

2.2.2　样品采集

为研究地表水与地下水的相互作用，采集了区域的大气降水、地表水和地下水样品。在地表水与地下水水力联系紧密时期，根据松嫩-三江平原的气候水文、农业耕种以及水文地质等特点，确定样品采集原则：（1）在主要河流（湖）典型区，为研究主要河流（湖）与河道附近地下水的相互关系，沿主要河流（湖）采集河（湖）水及河道附近的浅、深层地下水样品，着重分析地表水和地下水的相互作用；（2）在地表水体少和远离主要河流（湖）的典型区，对地下水的开采利用较多。采集地表水和浅层、深层地下水样品，以分析地表水和地下水的相互作用关系，侧重分析浅层和深层地下水的关系。降水、地表水及地下水样品采集统计见表2-2所列。

表 2-2 降水、地表水及地下水样品采集统计

区域	流域	降水	地表水				地下水			采样时间
			江水	湖水	水库	湿地	浅层	深层	泉水	
三江平原	松花江	0	4	0	0	0	3	2	0	2009年9月10—17日
	黑龙江	0	4	0	0	0	2	1	0	2009年9月10—17日
	乌苏里江	3	7	2	0	1	6	4	1	2009年9月10—17日
	小计	3	15	2	0	1	11	7	1	
松嫩平原	嫩江	2	5	4	2	2*	15	7	1	2010年8月4—10日
	松花江干流	0	1	0	0	0	1	1	0	2010年8月4—10日
	吉林江段	2	24	4	2	0	19	3	4	2011年6月6—12日
	松花江	0	2	0	0	0	2	1	0	2010年8月4—10日
	小计	4	32	8	4	2	37	12	5	
合计		7	47	10	4	3	48	19	6	

注：*指包括大安碱地生态试验站稻田灌溉水。

2.2.2.1 降水水样采集

研究区包括的全球大气降水同位素观测网络（GNIP）站点有哈尔滨、长春和齐齐哈尔；中国大气降水同位素观测网络（CHNIP）的野外站点有三江、海伦和长白山。在中国大气降水同位素观测网络的各野外站点，进行月混合大气降水样品的采集。每月的最后一天，将历次降水样混合，取 50 mL 装入水样瓶中，密封保存。密封后送至中国科学院地理科学与资源研究所测试（柳鉴容等，2008；宋献方等，2007c）。

2.2.2.2 地表水样品采集

地表水主要包括河水（江水）、沼泽水（湿地水）、湖水、水库水以及灌溉水。采集的地表水主要用于分析氢氧稳定同位素和水化学。取 100 mL 水样密封后用于碳酸氢根测定；采集 50 mL 地表水用于氢氧稳定同位素分析；采集 50 mL 水样，2 个水样用于水化学分析，分别测定水样中的阴、阳离子，其中，测定阳离子的水样加入 3 mol/L 盐酸 0.1 mL 固定阳离子。采样时，取水面 30 cm 以下水样，保证水样瓶中没有气泡。取好的水样瓶于 4 ℃密封保存。

2.2.2.3 地下水样品采集

地下水样品主要包括井水和泉水。为对比分析浅层地下水和深层地下水的相互关系，在相同地区分别采集浅层（井深<60 m）地下水和深层（井深≥60 m）地下水样品。采集的浅层地下水样品用于分析氢氧稳定同位素、水化学、氚同位素和CFCs；采

集的深层地下水样品用于分析氢氧稳定同位素和水化学，典型的深层地下水采集 ^{14}C 样品。采样前，抽取地下水 5~10 min，将以前的井水排出，以保证所采取的地下水具有代表性。采样时取 100 mL 水样密封后用于碳酸氢根测定；采集 50 mL 地下水，用于氢氧稳定同位素分析；采集 50 mL 水样，2 个水样用于水化学分析，分别测定水样中的阴、阳离子，其中，测定阳离子的水样加入 3 mol/L 盐酸 0.1 mL 固定阳离子。取 1 L 水样用于氚同位素测定，CFCs 采用 PET 管和铜管采样，每个水样分别装入两个棕色瓶中密封保存。

2.2.3 室内分析

2.2.3.1 氢氧稳定同位素分析

采集的降水样品和三江平原水样中的氢氧稳定同位素组分采用中国科学院地理科学与资源研究所理化分析中心同位素质谱仪 MAT253（Finnigan，USA），用 TC/EA 法进行测定。松嫩平原水样的氢氧稳定同位素由中国科学院地理科学与资源研究所陆地水循环及地表过程重点实验室的液态水同位素分析仪（DLT-100，Los Gatos Research Inc.，USA）分析。

氢氧稳定同位素的测定结果以相对维也纳标准海水（VSMOW）的千分偏差表示。对于 δD 和 $\delta^{18}O$ 的测量，MAT253 的 δD 和 $\delta^{18}O$ 精度分别是 ±1‰ 和 ±0.3‰，LGR DLT-100 的 δD 和 $\delta^{18}O$ 精度分别是 ±1‰ 和 ±0.2‰。

$$\delta = \frac{R_{\text{Sample}} - R_{\text{VSMOW}}}{R_{\text{VSMOW}}} \times 1\,000‰ \tag{2-1}$$

2.2.3.2 氚同位素分析

氚同位素分析在中国地质科学院水文地质环境地质研究所国土资源部地下水矿泉水及环境监测中心完成。氚样品检验依据 DZ/T 0064—2021《地下水质分析方法》，样品是通过低温蒸馏（110 ℃）获得水样，经过蒸馏除盐、电解富集后，通过超低本底液体闪烁谱仪 Quantulus1220（PerkinElmer，Inc.，USA）测试，单个样品计数时间为 500 min，并以氚单位（TU）表示，检测限为 1.0 TU，精密度 $\sigma \leqslant 0.6$ TU。

2.2.3.3 水化学测试

松嫩-三江平原水化学分析中 HCO_3^- 的含量在取样后 24 h 内用稀硫酸-甲基橙滴定

法测定。移取 50 mL 待测水样，加入甲基橙指示剂（浓度为 1%），用标准浓度稀硫酸滴定，精度为 1%。水样在测定阴阳离子前，需经 0.2 μm 水系滤膜过滤。水化学分析在中国科学院地理科学与资源研究所理化分析中心完成。水样中的主要阳离子由电感耦合等离子体–发射光谱仪（ICP-OES，Perkin-Elmer Optima 5300DV）分析，检测限为 1 μg/L；主要阴离子由离子色谱仪（LC-10AD，SHIMADZU），检测限为 1 mg/L，测定精度为 1%。所有水样的阴阳离子平衡误差 < 10%，绝大多数水样的阴阳离子平衡误差 < 5%。

2.2.3.4　CFCs 测试

水样的 CFCs 含量测试采用"吹扫捕集气相色谱法"，在日本千叶大学完成测试。水样中的 CFC-11、CFC-12 和 CFC-113 浓度通过装有电子捕获检测器的吹扫捕集气相色谱仪测定（GC-ECD，electron capture detector），检测限为 0.01 pmol/kg，测定精度为 1%。

2.2.4　数据分析

数据分析中的统计分析运用 SPSS® 16.0（SPSS Inc.，USA）完成。ArcGIS® desktop 10（ESRI Inc.，USA）用于空间数据分析和图件的制作，Origin Pro 8.5（Origin Lab Corporation，USA）用于数据分析和图件制作。水化学分析和制图利用软件 AquaChem（Schlumberger Water Services）和 AqQA（RockWare，Inc.，USA）完成。水化学模拟用 PHREEQC Version 3 完成（U.S. Geological Survey）。

2.3　本章小结

本章介绍了松嫩–三江平原的地理位置、地形地貌、气候水文、地质构造、土壤植被和土地利用等概况，阐述了研究方案、样品采集、室内分析和数据分析等方法。以大规模农业开发为主的松嫩–三江平原为研究对象，在综合分析现有数据资料的基础上，通过野外考察和室内分析，运用同位素和水化学组成相结合，利用新技术、多元信息耦合的方法，采用数据分析与模型模拟相结合，分析降水、地表水和地下水同位素和水化学分布特征，估算地下水年龄，评估浅层地下水的更新能力，揭示地表水与地下水的相互作用机理。为保障国家粮食安全和完成粮食增产任务，以及水资源的合理利用提供理论支撑。

第3章

降水、地表水及地下水的同位素特征

降水中的同位素、氟利昂CFCs浓度的研究是分析地表水、地下水同位素和氟利昂含量的基础。氢氧稳定同位素在水循环中起到了示踪的作用，是研究地表水和地下水相互关系的技术之一。水体中的放射性氚同位素含量和CFCs浓度提供了水体的时间"印记"，是估算地表水年龄和更新能力的方法之一。降水、地表水和地下水中的稳定同位素、放射性氚同位素和CFCs浓度特征，是研究水体的相互转换关系的基础。

3.1 大气降水的同位素特征

3.1.1 氢氧稳定同位素

根据中国大气降水同位素观测网络（CHNIP）中的三江站、海伦站和长白山站在2005—2009年期间的月降水氢氧稳定同位素数据，计算得出松嫩–三江平原的当地大气降水线（LMWL）为$\delta D=7.0\delta^{18}O-12.8$（$R^2=0.933$），如图3-1所示。三江站（2005—2007年）的大气降水线为$\delta D=7.3\delta^{18}O-6.7$（$R^2=0.966$），海伦站（2005—2007年，2009年）的大气降水线为$\delta D=7.7\delta^{18}O-2.6$（$R^2=0.989$），长白山站（2005—2009年）的大气降水线为$\delta D=6.7\delta^{18}O-18.2$（$R^2=0.851$）。当地大气降水线的斜率为7.0，与全球大气降水线（GMWL）$\delta D=8\delta^{18}O+10$差别不大，表明松嫩–三江平原的蒸发作用不强烈。

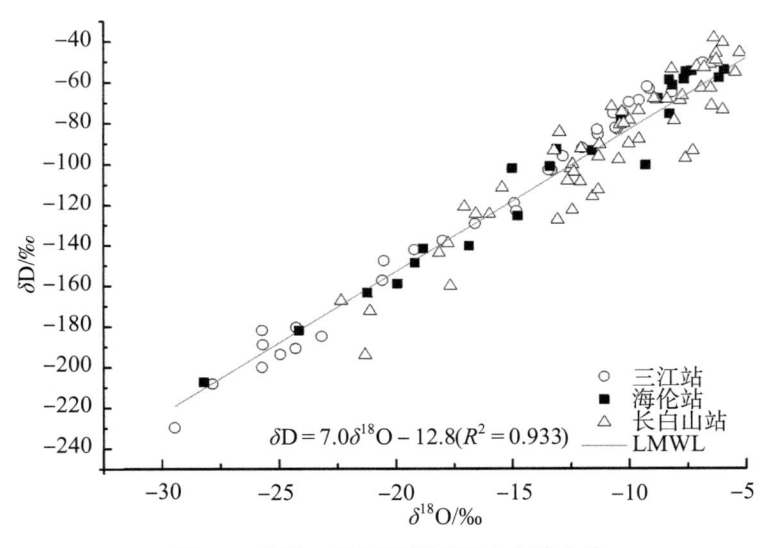

图 3-1　松嫩–三江平原的当地大气降水线

在松嫩–三江平原采样期间，采集了次降水的样品，并测定了次降水中的氢氧稳定同位素组分（表3-1）。从降水的形态上看，冰雹的同位素较降雨的同位素贫化。由于长白山的海拔高，同位素的"高程效应"使高海拔的降水同位素贫化，从而造成了长白山顶的降水氢氧同位素 $\delta^{18}O$ 和 δD 最小。

表 3-1　采样期间次降水中的氢氧稳定同位素测试结果

样品编号	采样时间	采样地点	样品形态	高程/m	δD/‰	$\delta^{18}O$/‰
SHJP1	20090915	虎林市	冰雹	85	−85.4	−12.2
SHJP2	20090915	虎林市	冰雹	85	−76.8	−10.3
SHJP3	20090915	虎林市	冰雹	85	−84.0	−11.6
SNP1	20100808	讷河市	降雨	206	−67.7	−9.6
SNP2	20100809	安达市	降雨	153	−83.4	−11.9
JLP	20110608	吉林市	降雨	214	−78.4	−10.7
CBSP	20110609	长白山顶	冰雹	2 208	−92.1	−13.9

松嫩–三江平原CHNIP站大气降水中的 $\delta^{18}O$ 变化如图3-2所示。以长白山站为例（长白山站的观测序列最长、数据最全），降水中的氢氧同位素在年际呈现波动周期，$\delta^{18}O$ 的变化大致与地面温度的周期性变化相同，即冬季贫化、夏季富集（柳鉴容等，2009）。2005—2009年 $\delta^{18}O$ 值的变幅有减小的趋势，夏季的 $\delta^{18}O$ 的最大值为 −5‰，

而冬季的$\delta^{18}O$值呈增加趋势，这可能与当地的气候变化有关。松嫩-三江平原在冬春季的气温增加较夏秋季高，冬春季的降水量也有不同程度的增加（栾兆擎等，2007a，2007b）。此外，$\delta^{18}O$值可以表征降水的水汽来源，气候变化导致了降水来源的差异，在年际和年内变化上，$\delta^{18}O$值呈现出不同的变化特征（Liu等，2010）。

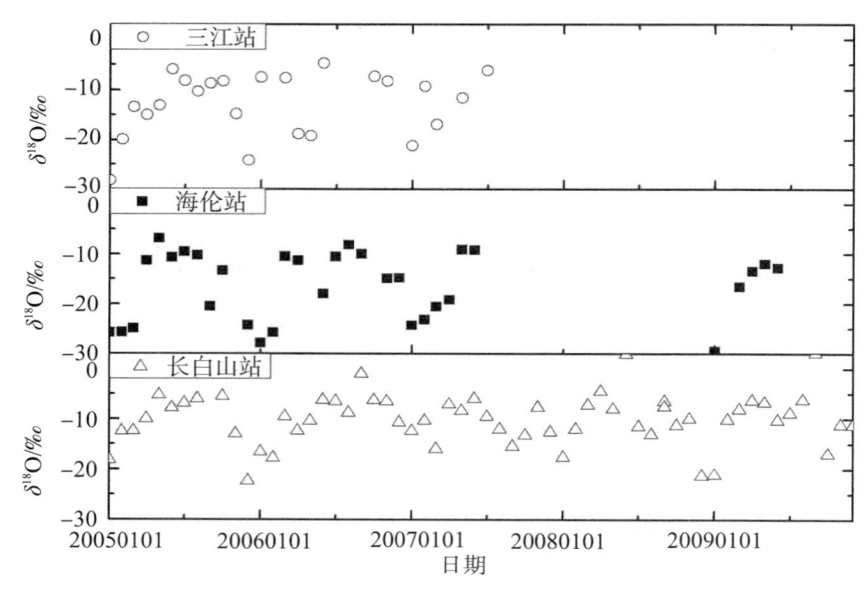

图3-2　松嫩-三江平原CHNIP站大气降水中的$\delta^{18}O$变化

3.1.2 氚同位素

水中氚（Tritium，T）主要有两种起源，即天然氚和人工核爆氚。天然氚来源于大气中的核反应；人工氚主要由大气核试验产生。氚原子生成后，即同大气中的氧原子化合生成水分子（HTO），成为天然水的一部分参与水循环。因此，氚成为追踪各种水文地质作用的一种理想示踪剂，更重要的是，氚的放射性具有计时功能，因而成为水文地质研究中的一种测年技术手段（陈宗宇等，2010）。

降水中的氚含量由于人工核试验，在20世纪50—60年代的变化较大。在此之前，大陆降水中的氚含量为5～20 TU，核爆开始后，降水中的氚含量在1963年达到最高峰（北美地区大于2 000 TU）。北半球自1963年开始，南半球自1964年开始，降水中的氚含量呈指数衰减。中国在国际原子能机构（IAEA）的资助与合作下，自1985年开始建立大气降水同位素监测站，经过几十年的监测与研究工作，取得了大量的监测数据，同时对中国大气降水中的氚同位素分布与变化特征进行了研究（刘进达，2001）。

我国大部分地区缺少降水中氚含量的系列观测资料，不能满足计算地下水年龄的需要，因而在计算地下水的年龄之前，需对大气降水的氚浓度进行恢复。大气降水中的氚含量分布具有随地理纬度、地面高程、降水量及离海洋远近等变化的特点。因此，可根据已有地区的观测资料，采用多种方法计算无资料地区的大气降水中的氚含量。多元统计分析、人工神经网络等方法均考虑采样点的地理、气候等因素，建立数学模型，对无资料区进行插值（Boronina等，2005；连炎清，1990；龙文华等，2008）。

在松嫩-三江平原地区，已有学者对大气降水中的氚含量进行了估算。1952—1959年的大气氚含量采用长春降水氚的估算数值（王凤生，1998）；1960—1986年，利用Doney模型估算（因子f_1=150，f_2=50）；1987—2007年，采用哈尔滨、齐齐哈尔和长春的实测数据降水加权平均值，对于个别缺失年份，采用哈尔滨站与渥太华站之间的单相关外推（杨湘奎，2008）。渥太华站的数据来源于国际原子能机构（IAEA）。大气降水中的氚含量的恢复结果如图3-3所示。对于活塞流模型，水流呈活塞数学表达式，氚进入水中时仅按衰减规律变化，运用式（1-5）计算了水体中的氚含量，即活塞流模型的氚输出曲线（图3-4）。根据三江平原中的水体中氚含量和活塞流的氚输出曲线，计算出水体的年龄。

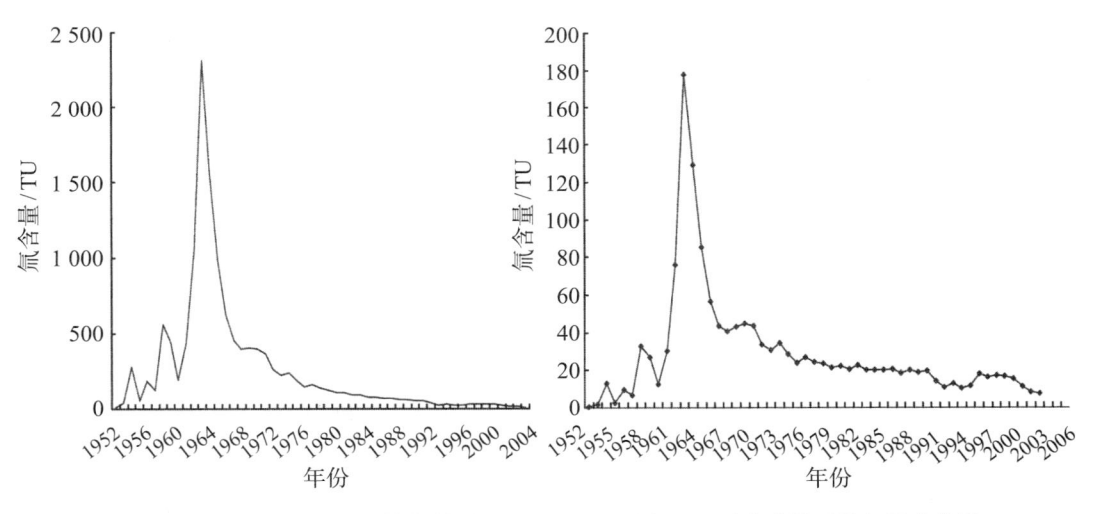

图3-3　大气降水中的氚含量恢复结果　　　　图3-4　活塞流模型的氚输出曲线

3.1.3　大气CFCs浓度

CFCs（氟利昂）是20世纪20年代纯人工合成的有机化合物。氟利昂是臭氧层破坏的元凶，其化学性质稳定，不具有可燃性和毒性，被当作制冷剂、发泡剂和清洗剂，广泛用于家用电器、泡沫塑料、日用化学品、汽车、消防器材等领域。20世纪80

年代后期，氟利昂的生产达到了高峰，产量达到了 144×10^4 t。由于氟利昂对臭氧层的破坏日益严重，多个国家于1987年9月，在加拿大蒙特利尔签署《蒙特利尔议定书》，分阶段限制氟氯烃的使用。1996年1月1日起，氟利昂正式被禁止生产。

由于大气中的氚放射性同位素含量减少，因此，利用氚定量估算地下水补给年龄的可信度降低。CFCs是工业生产中的人工合成物，在自然界中的化学性质稳定，通过测定水体中的CFCs浓度，可在同位素数据的基础上，用于估算地下水年龄（international atomic energy agency，2006），1940—2010年期间的大气CFCs浓度和大气CFCs摩尔比率如图3-5所示。近年来，不同学者在不同的区域，应用CFCs及同位素数据相互结合的方法，估算地下水补给时间（Han等，2012；Qin等，2011；秦大军等，2003），确定水文地质参数等（乔小娟等，2009）。

(a) 大气CFCs浓度

(b) 大气CFCs摩尔比率

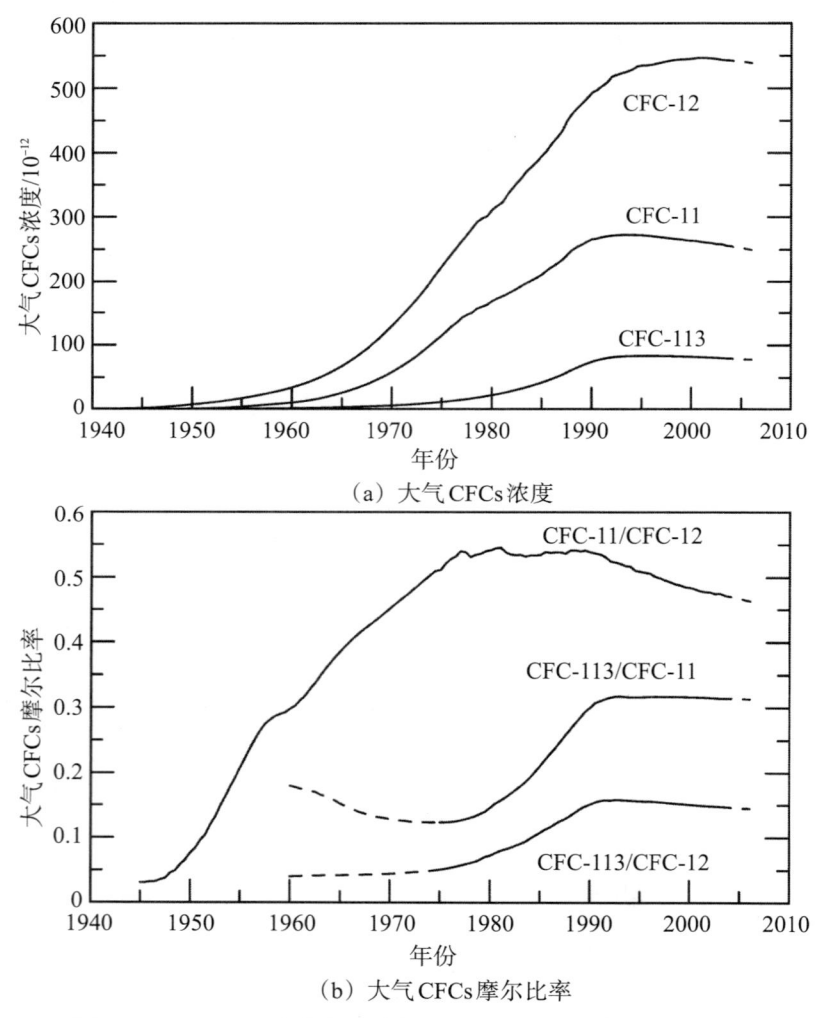

图3-5　1940—2010年期间的大气CFCs浓度和大气CFCs摩尔比率
（资料来源：international atomic energy agency，2006）

3.2 地表水的同位素特征

3.2.1 三江平原地表水的同位素特征

三江平原地表水包括松花江、黑龙江和乌苏里江及其支流的江水、兴凯湖湖水以及"三江平原沼泽湿地生态试验站"的湿地水。为分析地表水，特别是江水的沿程变化，将三江平原的地表水分为松花江至黑龙江的江水、乌苏里江至黑龙江的江水和兴凯湖的湖水。三江平原地表水中的氢氧稳定同位素统计特征，包括平均值（mean）、最小值（min）、最大值（max）、标准差（SD）和变异系数（CV），见表3-2所列。

表3-2　三江平原地表水中的氢氧稳定同位素特征　　　　　单位：‰

	乌苏里江-黑龙江江水			兴凯湖湖水			松花江-黑龙江江水		
	$\delta^{18}O$	δD	d	$\delta^{18}O$	δD	d	$\delta^{18}O$	δD	d
mean	−10.7	−80.9	4.6	−6.0	−56.4	−8.7	−11.7	−89.3	4.2
min	−12.4	−91.3	−0.5	−6.0	−57.6	−9.2	−13.9	−103	−5.9
max	−9.1	−73.4	8.0	−5.9	−55.2	−8.1	−10.6	−80.8	10.6
SD	1.1	6.5	3.0	0.1	1.7	0.8	1.2	7.8	5.3
CV/%	−10.4	−8.0	63.8	−2.0	−3.1	−9.1	−10.6	−8.8	126.4
三江湿地水	−9.6	−73.3	3.5						

注：乌苏里江-黑龙江江水样7个，兴凯湖湖水样2个，松花江-黑龙江江水样8个。

兴凯湖的地表水氢氧稳定同位素组分的$\delta^{18}O$和δD平均值最大，表明湖水的氢氧同位素最为富集。乌苏里江江水的$\delta^{18}O$和δD平均值次之，而松花江-黑龙江江水的$\delta^{18}O$和δD平均值最小，表明松花江-黑龙江的江水氢氧稳定同位素最贫化。三江平原地表水的最小值、最大值与平均值具有相同的趋势，即$\delta^{18}O$和δD值：兴凯湖湖水>乌苏里江江水>松花江-黑龙江江水。兴凯湖湖水由于受到蒸发，水体中的氢氧稳定同位素较富集，过量氘（d）值最小。

标准差和变异系数可以表征水样同位素值与平均值的差异程度。三江平原地表水的标准差和变异系数绝对值的特征相同，都表现为松花江-黑龙江江水>乌苏里江江水>兴凯湖湖水。地表水稳定同位素的变异大小与气候水文、地形地貌及水文地质等有着重要的联系。三江平原上的松花江流经佳木斯等城市，在同江市汇入黑龙江界河。乌苏里江作为中国与俄罗斯的界河，所流经的地区以农业开发为主。因为河流流经地区的自然地理与人类活动的差异，对同位素组分的变异大小有重要的影响。

在完达山以北的三江低平原［图3-6(a)］，沿松花江流向的δD和$\delta^{18}O$的变化较小，由于沿程江水的蒸发作用，过量氘值呈减小的趋势。在同江汇合前的松花江水样SHJ06与沿程江水取样点的同位素值相近。汇合前黑龙江水样SHJ07的δD和$\delta^{18}O$值很小，分别为–103.0‰和–13.9‰。与松花江汇合后的黑龙江水样SHJ08的同位素较贫化，其值介于汇合前的松花江水和黑龙江江水之间。汇合后的黑龙江江水沿程的δD和$\delta^{18}O$值比汇合前的大，$\delta^{18}O$值沿流向增加，而过量氘d沿程减小，表明水体可能受到蒸发的影响。

在完达山以南的穆棱兴凯平原［图3-6(b)］，有两条主要支流，即穆棱河和挠力河汇入乌苏里江。沿穆棱河–乌苏里江流向，江水中的δD和$\delta^{18}O$值呈减小的趋势，而过量氘d沿程增加。这可能由于江水沿程接受了同位素组成较贫化的水体，从而使江水的同位素组成也随之贫化。乌苏里江的另一条支流，挠力河由于流经区域的农业开发强度大，并且水量小。沿挠力河流向，河水的氢氧稳定同位素组成呈富集趋势，过量氘d值减小，表明河水水体的蒸发强烈，再加上沿程农业活动的影响，使挠力河在汇入乌苏里江前，水体同位素组成富集。

(a) 完达山以北的三江低平原　　(b) 完达山以南的穆棱兴凯平原

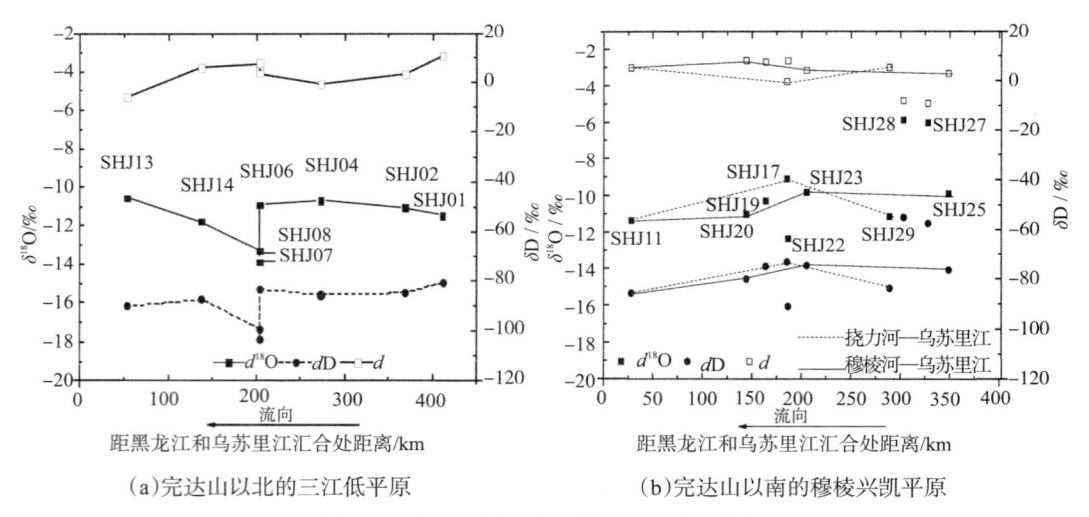

图3-6　三江平原江水稳定同位素沿程变化

3.2.2　松嫩平原地表水的同位素特征

松嫩平原地表水包括嫩江、松花江干流吉林江段和松花江干流及其支流的江水，水库水，松花湖等湖水。扎龙自然保护区所采集的沼泽水样为SN18。在大安碱地生态站所取稻田灌溉水，主要分析其水化学组分，未进行同位素分析。松花江干流吉林江段的上游水库面积大，丰满水库水样ES21、ES28归为松花湖水。为分析松嫩平原地表水的沿程变化特征，结合两次野外考察采样，将地表水样分析为嫩江-松花江和松花江干流吉林江段两个区域。松嫩平原地表水的氢氧稳定同位素特征，包括平均值（mean）、最小值（min）、最大值（max）、标准差（SD）和变异系数（CV），见表3-3所列。

沿嫩江—松花江的地表水体中，湖水的氢氧稳定同位素δD和$\delta^{18}O$的平均值最大，水库水和江水的δD和$\delta^{18}O$平均值差异不大，水库水的$\delta^{18}O$值比江水的稍大。由于湖水的流动性小，水体受到的蒸发强烈，其氢氧稳定同位素富集，过量氘d值为负值。地表水体中，氢氧稳定同位素的最小值和最大值特征与平均值相似。湖水δD和$\delta^{18}O$的最大值和最小值均最大，而江水和水库水的差异小。从标准差和变异系数可知，湖水的变异程度最大，水库水次之，江水最小。可能因为湖水的水体在空间上不连续，水体的差异性最大；水库水在空间上虽不连续，但大多修建于河流上，或引水水源是河流，水体的差异性次之；河流是连续的流动系统，水体的氢氧稳定同位素组成差异性小。

表3-3 松嫩平原地表水的氢氧稳定同位素特征　　　　　单位：‰

	嫩江-松花江江水			嫩江-松花江湖水			嫩江-松花江水库水		
	δD	$\delta^{18}O$	d	δD	$\delta^{18}O$	d	δD	$\delta^{18}O$	d
mean	−83.4	−11.1	5.8	−54.1	−5.2	−12.7	−83.7	−10.9	3.2
min	−91.1	−12.2	2.8	−69.1	−8.4	−18.9	−92.1	−12.3	0.2
max	−74.2	−9.6	9.1	−38.7	−2.5	−1.9	−75.3	−9.4	6.3
SD	6.5	0.9	1.9	16.6	2.7	7.5	11.9	2.0	4.2
CV / %	−7.7	−8.1	32.3	−30.6	−52.6	−59.0	−14.2	−18.5	130.7
扎龙湿地水	−75.4	−9.0	−3.8						
	松花江干流吉林江段江水			松花江干流吉林江段湖水			松花江干流吉林江段水库水		
	δD	$\delta^{18}O$	d	δD	$\delta^{18}O$	d	δD	$\delta^{18}O$	d
mean	−80.4	−11.3	9.6	−83.4	−12.0	12.6	−72.0	−9.6	4.8
min	−100.9	−14.9	−1.8	−92.5	−13.3	10.5	−85.1	−12.0	−1.0
max	−62.1	−7.8	17.9	−80.1	−11.3	14.1	−59.0	−7.2	10.7
SD	12.0	2.1	5.0	6.1	0.9	1.6	18.5	3.3	8.3
CV / %	−15.0	−18.5	51.8	−7.3	−7.5	12.8	−25.6	−34.9	172.1

注：嫩江-松花江江水样5个，嫩江-松花江湖水样4个，嫩江-松花江水库水样2个，松花江干流吉林江段江水样24个，松花江干流吉林江段湖水样4个，松花江干流吉林江段水库水样2个。

松花江干流吉林江段地表水体中，水库水的氢氧稳定同位素最富集，δD 和 $\delta^{18}O$ 平均值最大，江水的 δD 和 $\delta^{18}O$ 值次之，而湖水的 δD 和 $\delta^{18}O$ 最小。各水体的过量氘 d 值均为正值，且对于过量氘值，湖水>江水>水库水，江水过量氘值为9.6，与全球大气降水线的 d 值接近，表明松花江干流吉林江段水体受到的蒸发小。水库水的稳定同位素 δD 和 $\delta^{18}O$ 的最小值和最大值都最大，水库水体的氢氧同位素最富集。水样的氢氧同位素组成变异程度：水库水>江水>湖水。水库水样的空间差异大，白山水库水样ES43在上游，两家子水库水样ES03在下游，其水样同位素变异程度大。江水是流动的连续体，水体变异性次之。湖水主要分布于松花江干流吉林江段上游，且为连续的水体，同位素组成的变异程度最小。

松嫩平原江水中的氢氧稳定同位素沿程变化小。沿嫩江流向，湖水比相近区域的河流同位素组成富集，扎龙湿地沼泽水的同位素组成与湖水相近，但比江水富集。水库水与河流的同位素组成相近，差异不大［图3-7（a）］。从上游至下游，嫩江江水的 δD 和 $\delta^{18}O$ 值呈现减小的趋势。嫩江与松花江干流吉林江段汇合形成松花江，松花江江水同位素比嫩江富集。松花江干流吉林江段由于采样点在空间上的差异性大，同位素组成有着明显的变化［图3-7（b）］。各水体间的差异性小，水库水、湖水与相近区域的江水的同位素组成相同。这可能由于各水体之间的水力联系比较紧密，从而使同位素的组成相近。沿松花江干流吉林江段流向，δD 和 $\delta^{18}O$ 值总体上呈现增加的趋势，而过量氘 d 值沿程减小。这说明江水受到了一定程度的蒸发作用。

（a）沿嫩江流向

（b）沿松花江干流吉林江段流向

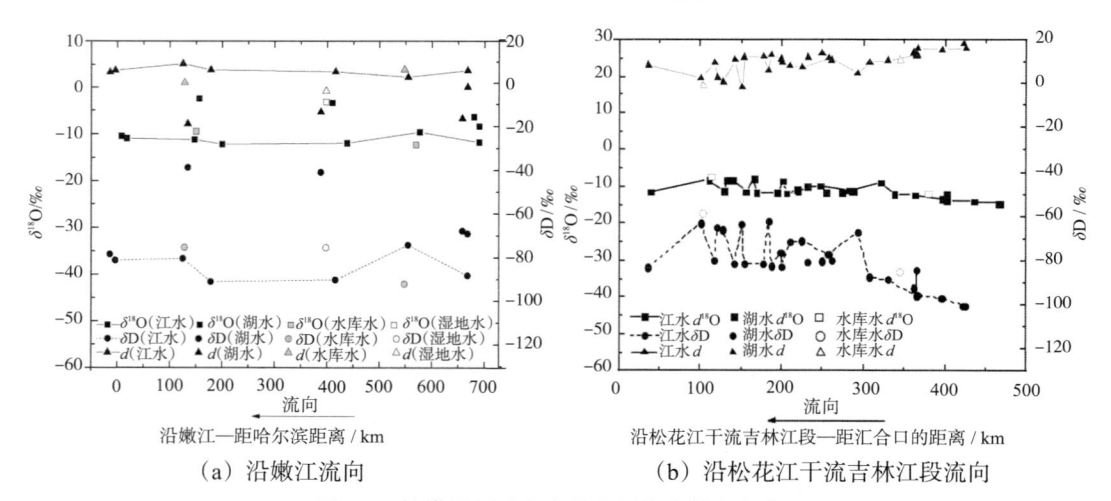

图3-7　松嫩平原地表水稳定同位素沿程变化

3.3 地下水的同位素特征

3.3.1 三江平原地下水的同位素特征

三江平原地下水包括浅层地下水（井深<60 m）、深层地下水（井深≥60 m）和泉水，其氢氧稳定同位素统计特征见表3-4所列。三江平原地下水中的氢氧稳定同位素统计特征，包括平均值（mean）、最小值（min）、最大值（max）、标准差（SD）和变异系数（CV）。在挠力河宝清水文站附近的河床上，有一地下水出露处（泉水样SHJ30），所采集的水样底部呈现出红褐色的铁离子化合物沉淀。

表3-4　三江平原地下水的氢氧稳定同位素特征　　　　　　　　　　单位：‰

	乌苏里江浅层地下水			乌苏里江深层地下水			松花江-黑龙江浅层地下水			松花江-黑龙江深层地下水		
	$\delta^{18}O$	δD	d	$\delta^{18}O$	δD	d	$\delta^{18}O$	δD	d	$\delta^{18}O$	δD	d
mean	−10.7	−82.4	3.1	−13.0	−94.4	9.7	−10.8	−83.6	2.9	−11.1	−87.1	2.0
min	−11.6	−88.5	−10.2	−15.1	−110.7	7.6	−11.9	−87.4	−0.4	−11.5	−88.4	−1.6
max	−8.0	−74.0	11.5	−11.7	−82.2	11.6	−9.4	−75.2	8.5	−10.8	−84.8	4.1
SD	1.5	6.5	8.1	1.8	14.7	2.0	0.9	4.7	3.2	0.4	1.6	2.7
CV/ %	−14.3	−7.8	261.6	−13.8	−15.5	20.6	−8.1	−5.6	111.1	−3.3	−1.8	132.4
乌苏里江泉水	−10.2	−79.4	1.9									

注：乌苏里江浅层地下水样6个、深层地下水样4个。松花江-黑龙江浅层地下水样5个、深层地下水样3个。

三江平原地下水中，浅层地下水的氢氧稳定同位素比深层地下水富集，即浅层地下水的δD和$\delta^{18}O$平均值比深层地下水的大。松花江-黑龙江深层地下水的氢氧同位素比乌苏里江深层地下水的富集，即松花江-黑龙江深层地下水的δD和$\delta^{18}O$平均值比乌苏里江的大；而浅层地下水的氢氧同位素δD和$\delta^{18}O$平均值较接近。乌苏里江的过量氘d值为9.7，与全球大气降水线（GMWL）的截距10接近。地下水样中，氢氧同位素最贫化的水样是东方第一哨的深层地下水样SHJ12（井深100 m），位于黑龙江和乌苏里江汇合处，此水体中的δD和$\delta^{18}O$值分别为−110.7‰和−15.1‰。地下水中的氢氧同位素最富集的是穆棱河密山桥的浅层地下水样SHJ26（井深3 m），水体中的δD和$\delta^{18}O$值分别为-74.0‰和-8.0‰。

从标准差和变异系数可知，乌苏里江地下水的δD和$\delta^{18}O$标准差大于松花江-黑龙江地下水。乌苏里江深层地下水的δD和$\delta^{18}O$标准差大于浅层地下水；而在松花江-黑龙江是浅层地下水的δD和$\delta^{18}O$标准差大于深层地下水。乌苏里江的地下水变异系数大于松花江-黑龙江地下水。除乌苏里江的深层地下水外，过量氘d的变异系数超过100%。其中，乌苏里江的浅层地下水的过量氘值变异系数最大，达到了261.6%。这主要由于乌苏里江的水文地质环境比松花江—黑龙江复杂。乌苏里江的穆棱河流经完达山以前的穆棱-兴凯平原；而挠力河流经完达山以北的三江低平原，地下水的流动系统差异性较大，从而造成水体中的氢氧稳定同位素的组分差异。

三江平原地下水中的$\delta^{18}O$值与井深的关系如图3-8所示。总体上，浅层地下水的氢氧同位素较深层地下水富集。松花江-黑龙江浅层地下水的$\delta^{18}O$值分布较分散，氧同位素随深度增加呈现出贫化的趋势 [图3-8（a）]。乌苏里江的浅层地下水除最富集的一处外，其他的浅层地下水分布较集中；井深最深的地下水的氢氧同位素最贫化 [图3-8（b）]。乌苏里江地下水的氧同位素与松花江—黑龙江都随井深度的增加呈现贫化的趋势，并且乌苏里江的地下水的同位素比松花江—黑龙江更为贫化。

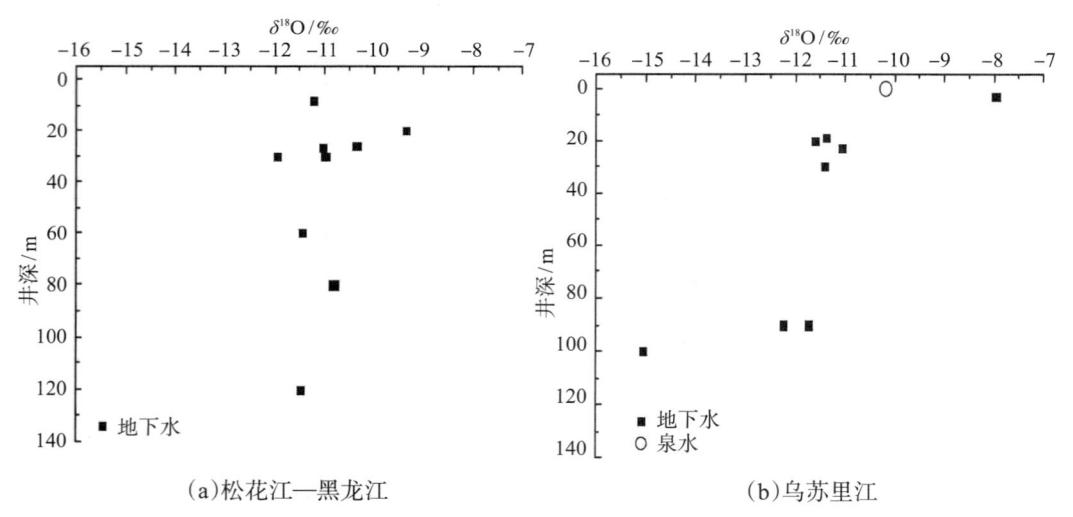

（a）松花江—黑龙江　　　　　　　（b）乌苏里江

图3-8　三江平原地下水$\delta^{18}O$值与井深的关系

3.3.2　松嫩平原地下水的同位素特征

松嫩平原地下水包括浅层、深层地下水和泉水，各水体的氢氧稳定同位素统计特征包括平均值（mean）、最小值（min）、最大值（max）、标准差（SD）和变异系数（CV），见表3-5所列。因采样时间和所在流域不同，与地表水分析相同，将松嫩平原地下水分为嫩江—松花江和松花江干流吉林江段两个区域。嫩江—松花江所采集的泉水样SN28位于五大连池风景区的二龙泉，是当地农户的生活用水。在松花江干流吉林江段流域共采集到4个泉水样，ES31水样取自长白山瀑布下的温泉（实测水温>75℃）。ES39水样位于抚松县抚生村，泉水用水管引到农户家，作为居民生活用水水源。ES45水样位于桦甸市红石砬子镇，泉水是镇的自来水水源。ES53水样取自金家满族乡小金屯南村沟饮马河旁的岩石裂隙水，水流量小。

嫩江-松花江浅层地下水比深层地下水的氢氧同位素富集，即浅层地下水的δD和$\delta^{18}O$平均值大于深层地下水，而泉水的氢氧同位素比深层地下水贫化。松花江干流吉林江段浅层地下水和深层地下水的氢氧同位素相差不大，深层地下水的δD和$\delta^{18}O$平均值稍大于浅层地下水。松花江干流吉林江段的泉水中的氢氧同位素最为贫化。松花江干流吉林江段的浅层、深层地下水和泉水的过量氘d平均值分别为10.1‰、9.8‰和13.3‰，都接近于全球大气降水线的截距10；而嫩江—松花江的过量氘d平均值除泉水外，浅层、深层地下水的d值小于10‰。在松嫩平原，松花江干流吉林江段的浅层、深层地下水的氢氧同位素比嫩江—松花江富集，松花江干流吉林江段水样的δD和$\delta^{18}O$平均值大于嫩江—松花江。

表3-5　松嫩平原地下水的氢氧稳定同位素特征　　　　单位：‰

	嫩江-松花江浅层地下水			嫩江-松花江深层地下水			嫩江-松花江泉水		
	δD	$\delta^{18}O$	d	δD	$\delta^{18}O$	d	δD	$\delta^{18}O$	d
mean	−77.9	−10.3	4.8	−80.5	−10.8	6.3	−85.2	−11.9	9.9
min	−86.6	−11.9	1.0	−98.0	−13.1	4.0			
max	−70.4	−9.0	9.1	−72.3	−9.9	8.3			
SD	5.3	0.9	2.5	8.6	1.1	1.4			
CV / %	−6.9	−8.9	51.6	−10.7	−10.2	21.6			
	松花江干流吉林江段浅层地下水			松花江干流吉林江段深层地下水			松花江干流吉林江段泉水		
	δD	$\delta^{18}O$	d	δD	$\delta^{18}O$	d	δD	$\delta^{18}O$	d
mean	−76.7	−10.8	10.1	−75.0	−10.6	9.8	−85.6	−12.4	13.3
min	−98.8	−14.5	5.0	−76.0	−11.1	5.9	−101.5	−14.6	11.1
max	−67.1	−9.3	17.1	−73.7	−10.2	13.9	−76.1	−11.2	15.5
SD	6.2	1.1	3.0	1.2	0.5	4.0	11.0	1.5	1.8
CV / %	−8.1	−10.1	29.8	−1.5	−4.5	40.6	−12.8	−12.4	13.4

注：嫩江-松花江浅层地下水样17个、深层地下水样8个。松花江干流吉林江段浅层地下水样20个、深层地下水样4个、泉水样4个。

从松嫩平原地下水的标准差和变异系数可知，嫩江-松花江深层地下水的δD和$\delta^{18}O$的标准差和变异系数大于浅层地下水；而松花江干流吉林江段的浅层地下水的δD和$\delta^{18}O$的标准差和变异系数大于深层地下水。松花江干流吉林江段的泉水变异性最大，δD和$\delta^{18}O$的标准差和变异系数大于嫩江-松花江深层地下水。各水体的过量氘d值的变异系数较δD和$\delta^{18}O$的变异系数大。嫩江-松花江浅层地下水的过量氘变异系数最大，松花江干流吉林江段的深层地下水次之，变异系数最小的松花江干流吉林江段的泉水。过量氘d综合反映了地下水的补给源、地质环境、流场和气候条件等的影响。在松嫩平原中部，由于水文地质条件复杂，嫩江-松花江浅层地下水的氢氧同位素组分变异性大。在松花江干流吉林江段上游的山区，地质条件复杂，深层地下水的流动系统差异性大，导致氢氧同位素的组分变异性大。

松嫩平原地下水中的$\delta^{18}O$值与井深的关系如图3-9所示。嫩江-松花江浅层地下水的氧同位素的分布较离散，随井深的增加，氧同位素$\delta^{18}O$值的分布收敛，呈现随深度增加同位素贫化的规律[图3-9（a）]。氧同位素最贫化的深层地下水样SN17，其氧同位素$\delta^{18}O$值为-13.1‰，位于齐齐哈尔市昂溪区后五家子村（井深106 m），上游有尼尔基水库，靠近嫩江和扎龙湿地。井深最深的地下水样SN39采自大庆开发区一营五连（井深>200 m），其氧同位素$\delta^{18}O$值为-11.2‰，附近有红旗水库。泉水水样SN28的氧同位素贫化，其$\delta^{18}O$值与浅层地下水的最小值接近。

松花江干流吉林江段的地下水中的氧同位素的分布较离散，随井深的增加，浅层地下水中的氧同位素$\delta^{18}O$值减小；而深层地下水随井深的增加，氧同位素富集[图3-9（b）]。泉水水样ES31中温泉水的氧同位素最贫化，其$\delta^{18}O$值为-14.6‰，这可能由于温泉水来自融雪，补给源的水体中的同位素贫化。浅层地下水中，ES33水样最贫化，其$\delta^{18}O$值为-14.5‰。该处水样取自中国生态系统研究网络（chinese ecosystem research network，CERN）长白山森林生态系统定位研究站内的井水，生态观测站坐落于长白山脚下，其补给源与ES31水样可能同为融雪，其同位素组成贫化。

(a) 嫩江—松花江　　　　　　　　(b) 松花江干流吉林江段

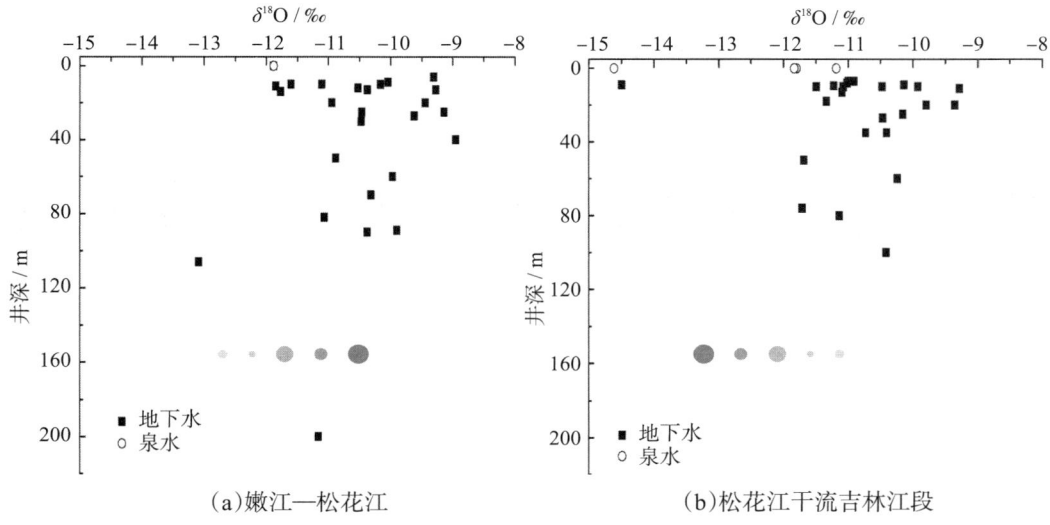

图 3-9　松嫩平原地下水 $\delta^{18}O$ 值与井深的关系

3.4　本章小结

　　降水的氢氧同位素、氚同位素含量和 CFCs 浓度是研究地表水与地下水相互作用的基础。降水中的氢氧同位素在年际呈现波动周期，表现为冬季贫化，夏季富集。根据中国大气降水同位素观测网络（CHNIP）中的三江站、海伦站和长白山站 2005—2009 年的月降水氢氧稳定同位素数据，得出松嫩-三江平原的当地大气降水线（LMWL）为 $\delta D=7.0\delta^{18}O-12.8$（$R^2=0.933$）。根据已有学者的研究成果，估算了松嫩-三江平原的大气降水中的氚含量，并运用活塞流模型，估算出水体中的氚输出曲线。测定水体中 CFCs 浓度，是估算地下水年龄的有力佐证。

　　三江平原松花江和乌苏里江江水，沿河流流向呈现富集的趋势；兴凯湖的湖水受蒸发的影响，同位素最富集。松嫩平原的水库水和湖水不同程度受到蒸发的影响，同位素组成富集。松嫩-三江平原浅层地下水的氢氧稳定同位素组成比深层地下水富集。地下水中的氢氧稳定同位素随井深增加多表现为贫化的趋势。

第4章

降水、地表水及地下水的水化学特征

水在循环的过程中溶解或携带了各种物质。降水的水化学成分与同位素组分一样，是分析地表水、地下水以及研究水循环过程的基础。水化学成分也可以作为水体的示踪剂，研究水体间的相互转换关系。同时还可以通过分析水体中成分的变化，研究水体类型的演化，以及自然因素和人类活动对水体化学成分的影响。

4.1 降水的水化学特征

大气降水是水循环过程的输入源，其化学成分是非常重要的环境因子。根据降水的化学成分及其分布特征的变化趋势，可以了解到由于经济发展、人口的膨胀、工业化程度的加剧、能耗的增加等人类活动导致人类赖以生存的大气环境和生态环境恶化（杨东贞等，2002）。

松嫩–三江平原大气降水的水化学特征见表4-1所列。在松嫩–三江平原沿松花江、黑龙江、乌苏里江、嫩江及松花江干流吉林江段考察期间，共采集到次降水样7个，测定了水中的主要阴阳离子，包括Ca^{2+}、Mg^{2+}、Na^+、K^+、HCO_3^-、SO_4^{2-}、Cl^-、NO_3^-等离子。根据前人的研究结果，从相关文献资料中选取了相近地区的大气降水中主要阴阳离子的数据，一并列入表4-1中进行对比分析。

表4-1　松嫩-三江平原大气降水的水化学特征　　　　　　　　　　单位：mg/L

	Ca^{2+}	Mg^{2+}	Na^+	K^+	HCO_3^-	SO_4^{2-}	Cl^-	NO_3^-
SHJP1	2.00	0.24	3.45	2.74	4.27	6.24	4.61	4.97
SHJP2	2.81	0.36	2.76	1.96	1.22	11.53	2.84	5.03
SHJP3	1.20	0.12	1.15	0.78	0.61	4.80	1.42	3.78
SNP1	10.02	0.73	1.38	1.56	17.69	2.40	11.70	0.62
SNP2	2.81	0.61	0.69	0.39	6.71	1.44	1.06	3.1
JLP	0.42	0.05	0.17	0.04	0.61	0.48	0.35	—
CBSP	0.60	0.08	3.13	1.27	3.66	1.92	3.90	0.62
佳木斯[①]	11.75	0.62	3.20	2.43	—	6.86	1.74	0.31
龙凤山[②]	0.81	0.12	0.14	0.15	—	2.23	0.91	1.40
长白山地区[③]	0.16	0.01	0.03	0.08	—	—	—	—

注：—表示无数据。
① 2006年数据来自陈家厚等（2008）。
② 1991—1997年平均值，数据来自杨东贞等（2002）。
③ 数据来自中国科学院长春分院《松花江流域环境问题研究》编辑委员会（1992）。

三江平原虎林市降水水样中的阴离子含量高于阳离子含量，其中，阴离子含量：$SO_4^{2-}>NO_3^->Cl^->HCO_3^-$；除SHJP1水样外，阳离子含量：$Ca^{2+}>Na^+>K^+>Mg^{2+}$。在松嫩平原的嫩江-松花江区域，阴离子中的$HCO_3^-$含量最高，阳离子中的$Ca^{2+}$含量最高。松花江干流吉林江段的吉林市降雨水样，阴离子中的HCO_3^-含量最高，阳离子中的Ca^{2+}含量最高，而在长白山顶的水样中，阴离子中的Cl^-含量最高，阳离子中的Na^+含量最高。

位于三江平原的佳木斯市2006年降水样中，阳离子中的Ca^{2+}含量最高，阴离子中的SO_4^{2-}含量最高。2006年降水中，Ca^{2+}含量是2009年的近6倍，而2009年降水中，Cl^-和NO_3^-含量均高于2006年。嫩江-松花江区域的2010年降水中，Ca^{2+}和Cl^-浓度高于龙凤山1991—1997年的降水离子均值。从已有数据和2011年采样的测定结果可知，长白山地区的降水中的离子浓度低。2011年降水中的Ca^{2+}、Mg^{2+}含量高于1992年，而长白山顶降水中的Na^+和K^+浓度则是1992年的104倍和15倍以上。

大气降水中的Ca^{2+}、Mg^{2+}主要来自土壤风沙尘、道路尘以及工业烟尘排放等；Na^+主要来自海洋输送；K^+主要来自工业排放、生物质燃烧、垃圾焚烧等；SO_4^{2-}主要来自化石燃料的燃烧；NO_3^-主要来自农业、畜牧业、生物质燃烧、化工行业生产排放及车辆尾气等；Cl^-主要来自海洋输送（Tu等，2005；徐虹等，2010）。随着该地区城市化的快速发展和农业的大开发，降水中的Ca^{2+}、Mg^{2+}、SO_4^{2-}、NO_3^-浓度增加。松嫩-三江平原降水中的化学组分主要来自工农业源和地壳源，部分离子来自海盐粒子。

4.2 地表水的水化学特征

4.2.1 三江平原地表水的水化学特征

三江平原地表水包括松花江、黑龙江和乌苏里江及其支流的江水，兴凯湖湖水以及三江平原沼泽湿地生态试验站的湿地水。三江平原地表水的水化学统计特征见表4-2所列，包括主要阴阳离子、总可溶性固体（total dissolved solids，TDS）及现场测试的pH、电导率（EC）的平均值（mean）、最小值（min）、最大值（max）、标准差（SD）和变异系数（CV）。因水样主要采集自黑龙江和乌苏里江两大河流，将三江平原的地表水分为松花江-黑龙江流域和乌苏里江两个区域进行分析比较。

三江平原地表水的化学成分中，阳离子以Ca^{2+}为主，阴离子HCO_3^-的含量最高。总可溶性固体以碳酸氢根为主，松花江-黑龙江和乌苏里江流域地表水中的HCO_3^-占TDS的比例分别达到了77.8%和82.5%。在现场测试指标中，松花江-黑龙江流域的EC和TDS大于乌苏里江，而对于pH，乌苏里江高于松花江—黑龙江。乌苏里江地表水中，主要离子除NO_3^-外，其他离子含量均高于松花江—黑龙江的地表水。从标准差和变异系数可知，乌苏里江地表水的现场测试指标和主要阴阳离子含量的变异程度均高于松花江-黑龙江流域。这说明乌苏里江地表水的空间差异性高于松花江-黑龙江流域，这主要是由河流所流经的地区自然条件和人类活动影响的不同而造成的。

表4-2 三江平原地表水的水化学统计特征

	松花江-黑龙江地表水					乌苏里江地表水				
	mean	min	max	SD	CV/%	mean	min	max	SD	CV/%
Na^+	7.79	2.76	11.04	3.22	41.36	13.23	4.37	35.63	10.09	76.28
K^+	0.87	0.00	2.35	0.67	77.22	1.26	0.00	3.13	1.14	90.18
Mg^{2+}	4.23	2.07	6.08	1.37	32.33	6.12	2.80	12.03	3.09	50.57
Ca^{2+}	17.81	9.42	26.25	5.46	30.63	21.95	12.42	43.69	10.28	46.85
Cl^-	7.29	3.55	13.47	3.35	46.02	9.34	4.96	22.34	6.17	66.14
SO_4^{2-}	15.16	5.28	25.46	6.52	42.99	17.67	10.57	47.55	11.86	67.16
HCO_3^-	62.85	33.56	98.85	21.55	34.29	90.78	40.88	181.20	47.44	52.26
NO_3^-	3.32	0.52	6.15	2.15	64.86	2.67	0.45	8.48	2.38	88.94

续表

	松花江-黑龙江地表水					乌苏里江地表水				
	mean	min	max	SD	CV/%	mean	min	max	SD	CV/%
TDS	80.79	42.00	121.90	26.59	32.91	110.09	56.20	229.00	58.85	53.46
pH	7.91	7.44	8.22	0.24	3.00	8.32	7.70	8.70	0.37	4.39
EC	119.21	58.40	180.00	42.70	35.82	177.71	80.00	366.00	92.59	52.10

注：离子含量、总可溶性固体（TDS）单位为mg/L；电导率（EC）单位为μS/cm。乌苏里江地表水样10个，松花江-黑龙江地表水样8个。

野外考察和采集中，现场测试了三江平原地表水的酸碱度（pH）、温度（T）、溶解氧（DO）、氧化还原电位（ORP）以及电导率（EC）。三江平原松花江-黑龙江流域和乌苏里江流域地表水的现场测试指标的沿程变化分别如图4-1（a）和图4-1（b）所示。地表水的水温和pH沿流向的变化幅度较小，而ORP和EC沿流向有明显的变化。沿松花江—黑龙江流向，松花江江水的ORP、EC和DO沿程减小。在松花江与黑龙江汇合处，江水的ORP和DO呈增加趋势，而水温、pH和EC减小，特别是汇合前的黑龙江江水的EC最小。与松花江汇合后的黑龙江江水的EC、DO、pH和水温沿流向增大，直至与乌苏里江汇合。

在乌苏里江流域，主要有穆棱河和挠力河汇入乌苏里江。兴凯湖的现场测试指标中，EC、pH和水温比流动的江水高。沿穆棱河流向，直至汇入乌苏里江，穆棱河江水的EC呈现明显的降低趋势，而ORP、DO、pH和水温沿程增大。沿挠力河流向的江水现场测试指标除pH和水温外，其他指标的波动性较大。水温沿挠力河增高，而pH则呈现减小的趋势。挠力河的DO和ORP沿程的波动性一致，先增加后减小，汇入乌苏里江后增大；而EC的沿程波动性与DO和ORP相反，先减小后增大，汇入乌苏里江后减小。

自然界的水中含有大量的离子和有机物质，由于离子的性质不同，在水体中发生氧化还原反应并趋于平衡。因此，水体不是单一的氧化还原系统，而是一个氧化还原的混合系统（Stumm等，1995）。电导率（EC）是水体中各种离子含量的综合反映；氧化还原电位（ORP）值是水溶液氧化还原能力的测量指标；溶解氧（DO）值是研究水自净能力的一种依据。从现场测试指标的电导率、溶解氧等指标分析可知，三江平原地表水的水质好、酸碱度适宜、矿化度低。

(a) 松花江-黑龙江流域　　　　　　(b) 乌苏里江流域

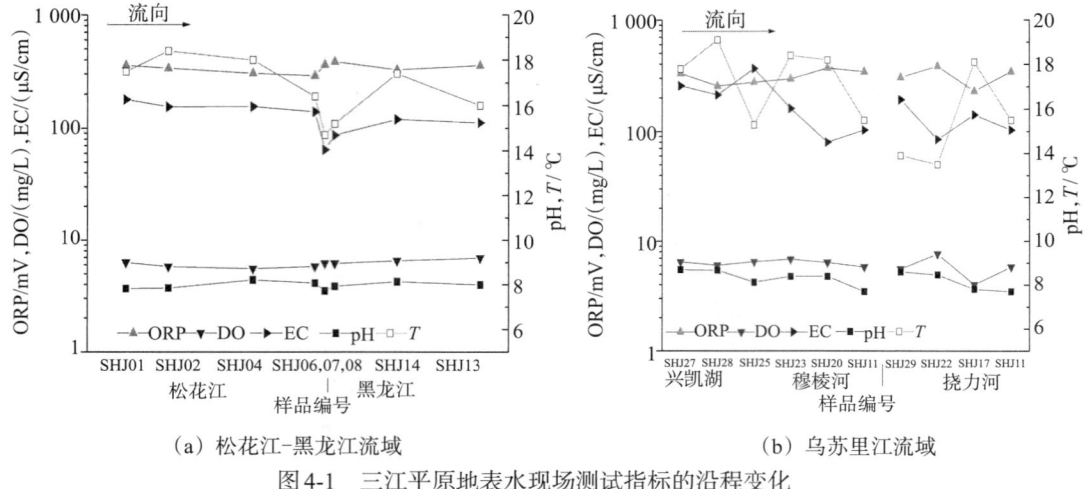

图 4-1　三江平原地表水现场测试指标的沿程变化

三江平原地表水中主要离子含量和电导率的沿程变化如图 4-2 所示。地表水体中的主要阴阳离子含量与现场测试的电导率沿流向变化趋势相同。从图 4-2 中可知，HCO_3^- 含量最高，沿流向的变化趋势与电导率相同。阳离子中，含量最高的是 Ca^{2+}，而 K^+ 含量最少，部分水样的 K^+ 含量低于检测限。从图 4-2 中的折线可直观地知道，各水样中的主要离子含量沿流向基本上表现为平行，然而 Cl^- 和 SO_4^{2-} 含量在部分水样中分别高于 Ca^{2+} 和 Na^+。这可能由于河流所流经的地区河流与地下水的交换，或者人类活动影响，使河流中的离子含量与上、下游有所不同。

在松花江-黑龙江流域，沿松花江流向，地表水的主要离子含量有增加趋势[图 4-2（a）]。松花江中 Cl^- 和 SO_4^{2-} 含量沿程增加，在佳木斯市下游直至同江市，Cl^- 和 SO_4^{2-} 含量分别高于 Ca^{2+} 和 Na^+。由于汇合前的黑龙江江水的离子含量小，而汇合前的松花江水中的离子含量较高，汇合后的黑龙江江水的离子含量沿程增加。乌苏里江流域的兴凯湖水的主要离子含量较高，但低于穆棱河和挠力河上游的离子含量[图 4-2（b）]。沿穆棱河流向，河水中的主要离子含量呈现出减小的趋势。挠力河下游由于水量较小，且农业开垦程度高，其主要离子含量呈增加趋势，特别是 Cl^- 含量从上游至下游增加。

(a) 松花江-黑龙江流域

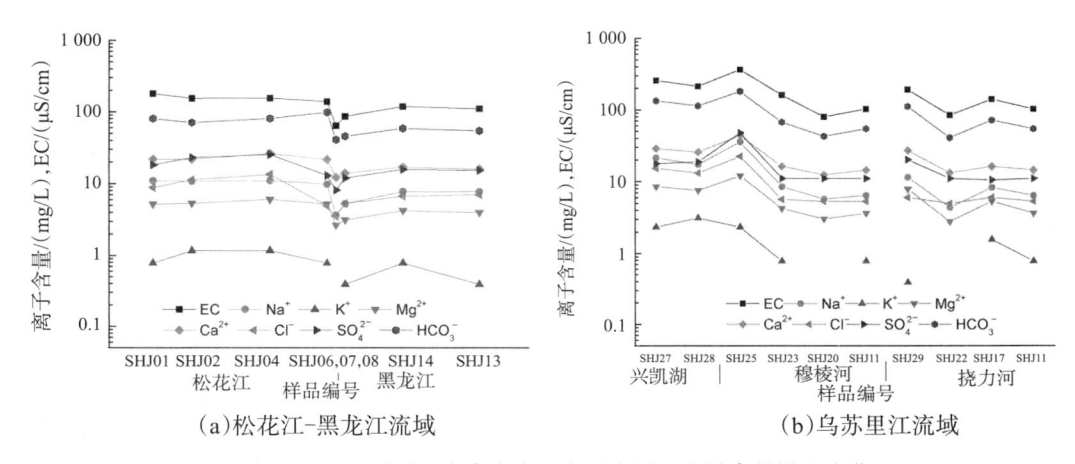

(b) 乌苏里江流域

图4-2　三江平原地表水中主要离子含量和电导率的沿程变化

4.2.2　松嫩平原地表水的水化学特征

松嫩平原地表水包括嫩江、松花江干流吉林江段、松花江干流及其支流的江水，扎龙湿地保护区沼泽水，水库水，松花湖湖水等。松嫩平原地表水的水化学统计特征也包括主要阴阳离子、总可溶性固体（TDS）、现场测试的pH、电导率（EC）的平均值（mean）、最小值（min）、最大值（max）、标准差（SD）和变异系数（CV），见表4-3所列。因采样时间和流域不同，将松嫩平原分为嫩江-松花江流域和松花江干流吉林江段流域两个区域进行分析。

嫩江-松花江流域地表水阳离子以Na^+为主，Ca^{2+}含量次之；阴离子以HCO_3^-为主，Cl^-含量次之。松花江干流吉林江段流域的阳离子以Ca^{2+}为主，Na^+次之；阴离子以HCO_3^-为主，Cl^-次之。嫩江-松花江流域的地表水中的Na^+平均含量是松花江干流吉林江段的4.8倍。嫩江主要流经松嫩平原中西部，而盐碱地主要分布于此区域，嫩江-松花江流域地表水中的Na^+平均含量高。嫩江-松花江地表水的电导率（EC）和总可溶性固体（TDS）含量高于松花江干流吉林江段，分别是松花江干流吉林江段地表水的1.8倍和1.5倍。

表4-3　松嫩平原地表水的水化学统计特征

	嫩江-松花江地表水					松花江干流吉林江段地表水				
	mean	min	max	SD	CV/%	mean	min	max	SD	CV/%
Na^+	87.30	1.61	619.10	198.38	227.25	18.30	2.60	90.01	22.37	122.21
K^+	3.75	0.39	12.51	2.93	78.12	4.19	0.76	24.49	4.46	106.56
Mg^{2+}	7.47	1.22	22.00	6.48	86.73	6.24	0.25	17.83	4.46	71.57
Ca^{2+}	18.48	3.61	34.67	7.67	41.53	26.85	3.04	86.88	21.85	81.37
Cl^-	54.32	1.06	314.50	88.35	162.67	37.38	1.77	191.40	48.16	128.85

续表

	嫩江-松花江地表水					松花江干流吉林江段地表水				
	mean	min	max	SD	CV/%	mean	min	max	SD	CV/%
SO_4^{2-}	19.98	1.44	102.30	25.02	125.24	35.54	6.24	96.54	21.57	60.69
HCO_3^-	207.46	18.92	1 120.00	365.27	176.06	61.63	7.93	211.70	46.99	76.25
NO_3^-	1.98	—	7.44	2.38	119.99	4.03	—	18.60	4.64	115.11
TDS	265.07	25.40	1 100.90	315.83	119.15	179.62	16.60	674.90	167.33	93.16
pH	7.93	7.09	9.37	0.61	7.68	8.03	7.52	8.75	0.27	3.31
EC	501.96	43.90	2 830.00	856.61	170.65	282.51	37.10	1 227.00	275.14	97.39

注：离子含量、总可溶性固体（TDS）单位为mg/L；电导率（EC）单位为μS/cm；—表示低于检测限，未检出。嫩江-松花江地表水样11个，松花江干流吉林江段地表水样31个。

松花江干流吉林江段的地表水中NO_3^-含量高于嫩江-松花江地表水，是嫩江-松花江地表水的2倍多。松花江干流吉林江段流经吉林市、长春市等，特别是榆树市高水桥附近泡子，由于榆树市污水的排入，其水样（ES09）中的NO_3^-含量高达18.60 mg/L。流经长春市的伊通河，在开安桥下的河水水样（ES01）中，NO_3^-含量达到14.26 mg/L；在农安县万金塔乡大桥的伊通河水样（ES04），NO_3^-含量达到17.36 mg/L。污染的伊通河水体呈黑色，水体散发着恶臭味，严重影响了当地人民群众的生产生活环境，威胁到了生活用水水源的安全。

松嫩平原地表水的现场测试指标的沿程变化如图4-3所示。松嫩平原中部，嫩江下游的湖水（SN15、SN37）的电导率和pH最高，EC值分别为2 830 μS/cm和2 350 μS/cm，pH分别是9.37和9.09；扎龙湿地水的电导率高于水库水和五大连池附近的湖水［图4-3（a）］。嫩江的水温和pH沿程变化不大，而DO和ORP沿流向有减小趋势。嫩江与松花江干流吉林江段在汇合后形成松花江干流，松花江中的DO值至哈尔滨沿程增加，而ORP值在哈尔滨处降低。江水的电导率沿嫩江先增加后沿程一直减小，与松花江干流吉林江段汇合的松花江水中的EC值沿流向则呈增加趋势。

松花江干流吉林江段湖水、水库水的现场测试指标与附近江水的值相近，其数值差异比嫩江—松花江小，但松花江干流吉林江段江水的EC、DO和水温波动性大［图4-3（b）］。松花江干流吉林江段江水的电导率从上游至下游总体上呈增加的趋势。下游伊通河的河水由于受到污染，在开安桥下的水样（ES01）和农安县万金塔乡大桥水样（ES04）的EC值分别为1 227 μS/cm和975 μS/cm；DO值分别为5.16 mg/L和0.46 mg/L；水体呈还原环境，ORP值分别为-3.1 mV和-89.6 mV。长白山地区的河水主要为融雪水，水温较低，在流动过程中，水温逐渐增高，由于汇入水体的差异，水温有一定的波动性。

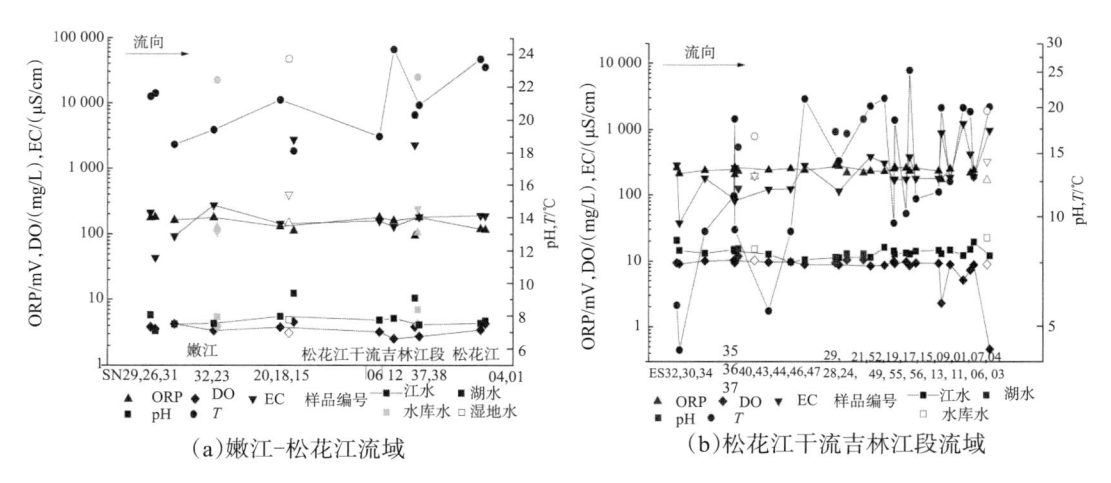

图 4-3　松嫩平原地表水的现场测试指标的沿程变化

松嫩平原地表水主要阴阳离子含量的沿程变化如图4-4所示。地表水的电导率变化趋势与各主要离子含量的变化趋势基本一致，受主要阴阳离子含量的主导。嫩江-松花江流域的电导率主要受到Na^+和Cl^-含量的影响［图4-4（a）］，而松花江干流吉林江段的电导率与Na^+和SO_4^{2-}含量的变化趋势相近［图4-4（b）］。嫩江-松花江流域的湖水离子含量最高；扎龙湿地的离子含量高于附近的江水；上游水库水的离子含量低于附近的江水，下游水库水的离子含量与附近的江水接近。松花江干流吉林江段的湖水和水库水的主要离子含量与附近的江水离子含量相同。

沿嫩江流向，地表水中的Na^+含量在平原中西部最高，随着江水的流动及与松花江干流吉林江段的汇合，松花江干流的Na^+含量较嫩江中游小。地表水中的Cl^-含量在讷谟尔河青山大桥处（SN31）低，与五大连池湖水接近，而平原中西部的河流中的Cl^-含量显著高于五大连池附近地表水。松花江干流吉林江段地表水中的主要阴阳离子的波动性大，电导率沿流向总体上呈增加趋势。如前文所述，下游的伊通河（ES01、ES04）受到污染，水体的电导率很高，主要离子含量也很高。其中，水样ES01的Na^+、K^+和Cl^-含量分别为90.01 mg/L、10.19 mg/L和191.4 mg/L，而水样ES04的NO_3^-含量达到了17.36 mg/L，其值是其他水样数值的5倍以上。

(a) 嫩江-松花江流域

(b) 松花江干流吉林江段流域

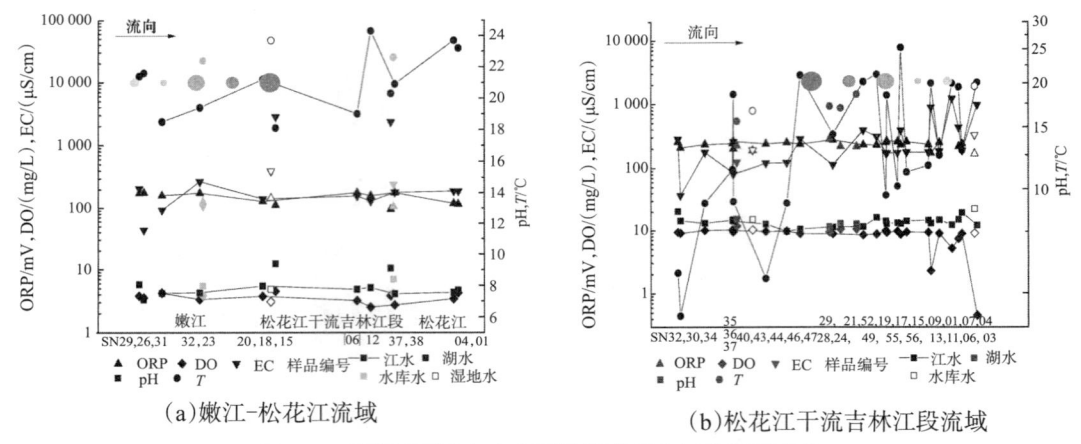

图 4-4 松嫩平原地表水主要阴阳离子含量的沿程变化

4.3 地下水的水化学特征

4.3.1 三江平原地下水的水化学特征

三江平原地下水包括浅层地下水（井深<60 m）、深层地下水（井深≥60 m）和泉水。地下水的水化学统计特征包括主要阴阳离子、总可溶性固体（TDS）、现场测试的pH、电导率（EC）的平均值（mean）、最小值（min）、最大值（max）、标准差（SD）和变异系数（CV），见表4-4所列。与地表水的水化学特征分析相同，将三江平原地下水水样分为松花江-黑龙江流域和乌苏里江两个区域进行分析。

三江平原地下水的阴离子以HCO_3^-为主，SO_4^{2-}次之；阳离子以Ca^{2+}为主，Na^+次之。该区域地下水的TDS小，松花江-黑龙江流域和乌苏里江流域地下水的TDS平均值分别为219.24 mg/L和205.02 mg/L。现场测试指标和主要离子，除pH和NO_3^-外，松花江-黑龙江地下水的平均值大于乌苏里江地下水。松花江-黑龙江流域和乌苏里江流域地下水的NO_3^-平均含量远高于地表水的NO_3^-，分别是地表水平均值的3.07倍和4.78倍。这可能是因为农业生产活动中的化肥施用量和灌溉面积的增加，使地下水中的NO_3^-含量增高。

根据统计结果中的标准差和变异系数，可知松花江-黑龙江地下水的标准差均高于乌苏里江。三江平原地下水中的K^+含量的变异系数最大，NO_3^-含量的变异系数次之，pH的变异系数最小。这说明地下水水样中的K^+和NO_3^-含量在空间上差异大，而pH的差异性小。地下水的流动过程、水文地质条件的差异、地下水与地表水的相互作用不同,以及人类活动,包括农业生产中的化肥施用等因素都可能导致地下水化学特征的差异性。

表4-4 三江平原地下水的水化学统计特征

	松花江-黑龙江地下水					乌苏里江地下水				
	mean	min	max	SD	CV/%	mean	min	max	SD	CV/%
Na^+	19.71	2.76	39.54	10.37	52.62	17.63	11.49	27.13	5.01	28.40
K^+	1.96	—	11.34	3.24	165.90	0.47	—	2.74	0.88	187.58
Mg^{2+}	14.75	2.07	50.31	12.72	86.25	11.48	3.65	22.48	5.54	48.24
Ca^{2+}	47.84	9.42	167.70	43.54	91.01	36.05	16.83	71.34	15.91	44.14
Cl^-	29.43	2.84	158.50	46.65	158.52	10.96	0.35	38.29	11.54	105.30
SO_4^{2-}	30.39	4.32	163.80	48.33	159.03	15.90	0.96	41.79	14.56	91.55
HCO_3^-	175.74	33.56	370.40	90.38	51.43	168.89	111.70	324.00	63.83	37.79
NO_3^-	10.19	—	50.63	16.26	159.55	12.76	—	67.35	20.71	162.38
TDS	219.24	42.00	961.50	253.69	115.72	205.02	76.10	439.80	117.99	57.55
pH	7.60	7.12	8.45	0.42	5.53	7.85	7.26	8.60	0.38	4.87
EC	380.31	58.40	1 042.00	255.17	67.09	300.50	155.00	466.00	103.70	34.51

注:离子含量、总可溶性固体(TDS)单位为mg/L;电导率(EC)单位为μS/cm;—表示低于检测限,未检出。松花江-黑龙江地下水样8个,乌苏里江地下水样11个。

现场测定了三江平原地下水样的pH、水温(T)、氧化还原电位(ORP)、溶解氧(DO)和电导率(EC),现场测试指标与井深的关系如图4-5所示。三江平原各地下水pH和水温随井深增加,水温稍有降低。地下水的pH为7.0～8.5,松花江-黑龙江地下水水温低于乌苏里江。地下水的ORP随井深的增加呈减小的趋势。由于地质条件的差异,地下水的氧化还原环境不同,水样SHJ21(井深19 m)的ORP值为 −4 mV,表明水体处于还原环境中。地下水的溶解氧和电导率随井深的变化特征不明显。一般随地下水运动路径的增长,水中溶解的物质增加,地下水的电导率也相应增大。三江平原由于第四纪硬度大,含水层厚、范围大,地下水的连通性好,电导率随井深没有明显的变化趋势。

三江平原地下水中的主要阴阳离子含量与井深的关系如图4-6所示。在松花江-黑龙江流域,浅层地下水样SHJ05(井深26 m)的离子含量最高,而深层地下水样SHJ03D(井深120 m)的离子含量小。随着地下水深度的增加,主要阳离子Ca^{2+}、Na^+、Mg^{2+}及阴离子HCO_3^-的含量呈增加趋势,而K^+、SO_4^{2-}、Cl^-和NO_3^-则呈减小的趋势。随地下水的流动和井深的增加,由于水岩相互作用,水中溶解的矿物增加,地下水中的碱土金属含量增加。由于深层地下水受人类活动的影响小,反映人类活动的SO_4^{2-}、Cl^-和NO_3^-含量随井深的增加而减小(Sharma等,2008)。

(a)松花江-黑龙江流域 (b)乌苏里江流域

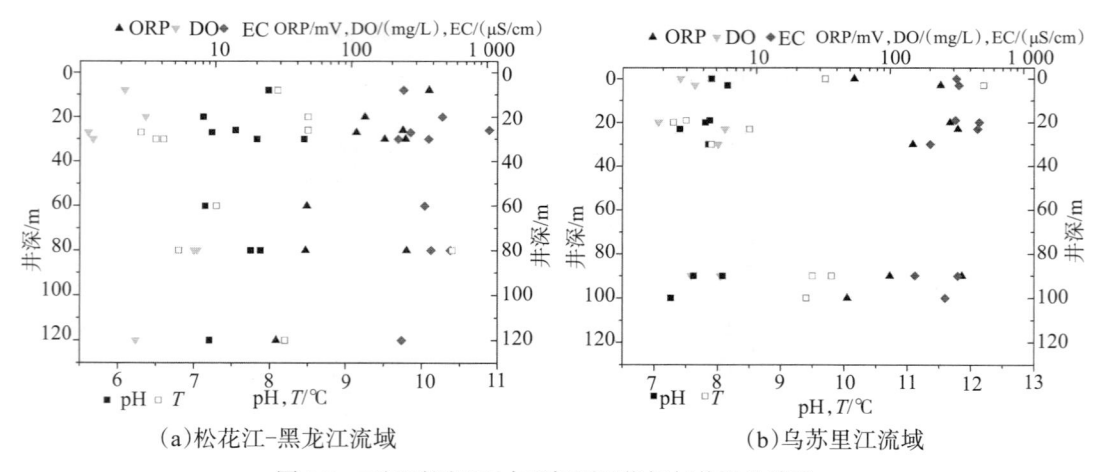

图 4-5　三江平原地下水现场测试指标与井深的关系

在乌苏里江流域，由于山区与平原的差异以及地质条件不同，地下水中的主要阴阳离子含量会有差异。深层地下水样 SHJ18D 和 SHJ24D 的 Ca^{2+}、Mg^{2+} 的含量分别比相应的浅层地下水样 SHJ18 和 SHJ24 的含量小，而 Na^+ 含量比浅层地下水高。这可能由于离子的交换，更易流动和溶解的 Na^+ 将 Ca^{2+}、Mg^{2+} 交换出，使流动路径长的地下水中的 Na^+ 含量增加。随井深增加，浅层地下水的离子含量与松花江-黑龙江流域地下水有相似的变化趋势，即 Ca^{2+}、Na^+、Mg^{2+} 及 HCO_3^- 的含量呈增加趋势，而 K^+、SO_4^{2-}、Cl^- 和 NO_3^- 的含量则呈减小的趋势。

4.3.2　松嫩平原地下水的水化学特征

松嫩平原地下水包括浅层地下水（井深<60 m）、深层地下水（井深≥60 m）和泉水。地下水的水化学统计特征包括主要阴阳离子、总可溶性固体（TDS）、现场测试的 pH、电导率（EC）的平均值（mean）、最小值（min）、最大值（max）、标准差（SD）和变异系数（CV），见表 4-5 所列。

嫩江-松花江地下水的电导率平均为 721.03 μS/cm，而松花江干流吉林江段地下水的电导率为 647.27 μS/cm。松花江干流吉林江段地下水的 pH 平均为 7.66，高于嫩江-松花江地下水的平均值 7.21。松嫩平原地下水的阳离子以 Ca^{2+}、Na^+ 为主，阴离子以 HCO_3^-、Cl^- 为主。嫩江-松花江地下水中的 Na^+、K^+、Cl^- 和 SO_4^{2-} 平均含量小于松花江干流吉林江段的地下水，而 Mg^{2+}、Ca^{2+}、HCO_3^- 和 NO_3^- 平均含量则高于松花江干流吉林江段的地下水。松嫩平原的大部分位于嫩江-松花江区域，可能由于农业生产活动造成地下水中的 NO_3^- 含量较高。松嫩平原是世界三大苏打盐碱地之一，其盐碱土以 Na_2CO_3 和 $NaHCO_3$ 为主要盐碱成分。土壤中的离子含量也影响了地下水中的离子含量，造成 Na^+ 的平均含量较高。

(a) 松花江-黑龙江流域

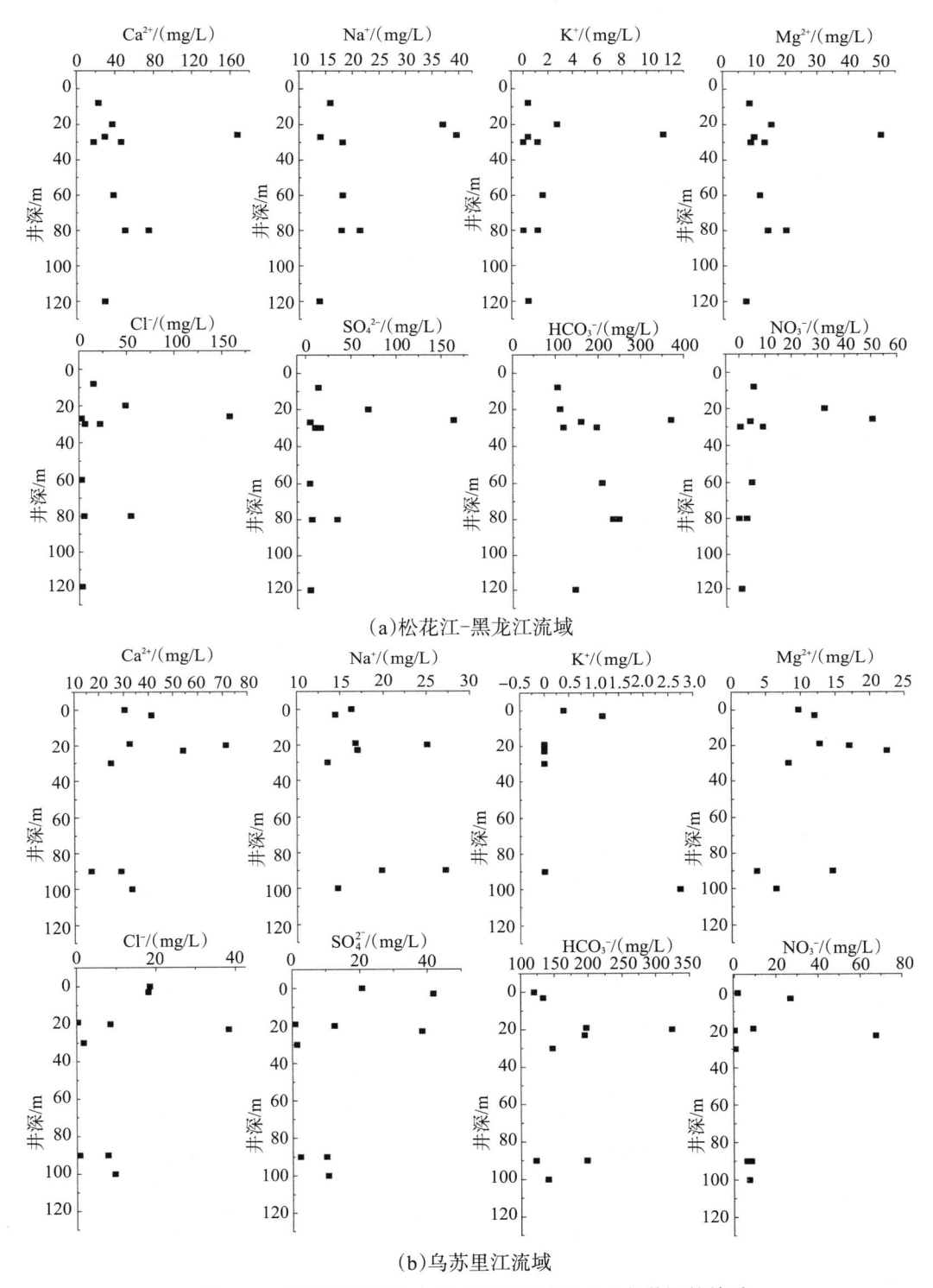

(b) 乌苏里江流域

图 4-6 三江平原地下水中的主要阴阳离子含量与井深的关系

表4-5 松嫩平原地下水的水化学统计特征

	嫩江-松花江地下水					松花江干流吉林江段地下水				
	mean	min	max	SD	CV/%	mean	min	max	SD	CV/%
Na^+	69.91	3.45	490.40	100.09	143.18	51.29	4.36	353.00	77.84	151.75
K^+	3.16	0.39	34.80	6.47	204.99	4.40	0.04	19.46	4.50	102.15
Mg^{2+}	17.92	0.49	68.78	14.72	82.17	16.15	1.88	54.17	12.16	75.30
Ca^{2+}	61.06	3.41	242.30	50.09	82.03	52.79	4.70	170.70	34.71	65.75
Cl^-	85.80	1.42	412.70	102.19	119.10	103.40	4.25	380.40	84.37	81.60
SO_4^{2-}	35.92	0.48	135.50	37.13	103.37	53.94	—	140.30	35.21	65.27
HCO_3^-	244.78	42.10	1 009.00	209.76	85.69	124.03	13.42	555.90	133.68	107.79
NO_3^-	35.52	—	412.30	87.35	245.90	30.05	—	112.20	29.03	96.60
TDS	415.40	55.20	1 532.00	336.59	81.03	383.95	49.20	918.20	217.82	56.73
pH	7.21	6.72	8.80	0.40	5.56	7.66	7.01	8.52	0.36	4.66
EC	721.03	96.80	2 680.00	583.68	80.95	647.27	111.10	2 100.00	479.16	74.03

注：离子含量、总可溶性固体（TDS）单位为mg/L；电导率（EC）单位为μS/cm；—表示低于检测限，未检出。嫩江-松花江地下水样26个，松花江干流吉林江段地下水样28个。

嫩江-松花江流域地下水的现场测试指标和离子含量的标准差、变异系数大于松花江干流吉林江段，表明嫩江-松花江流域的地下水化学特征之间的差异性大。嫩江-松花江地下水NO_3^-含量的变异系数最大，电导率的标准差最大；而松花江干流吉林江段地下水中的Na^+含量的变异系数最大，电导率的标准差也最大。松嫩平原地下水样的电导率在空间的差异很大，最小仅为96.8 μS/cm，最大达到了2 680 μS/cm。从河流上游到下游，上游地下水的电导率较低，而下游地下水的电导率较高。

在野外调查和采样时，现场测试了地下水的pH、水温（T）、氧化还原电位（ORP）、溶解氧（DO）和电导率（EC），现场测试指标与井深的关系如图4-7所示。地下水的pH变化较小，分布范围是7~8.5。随井深的增加，地下水的pH基本没有变化。地下水水温的分布范围较广，大多为8~12 ℃，并且随着井深的增加，地下水的温度稍有增加的趋势。地下水的氧化还原电位（ORP）、溶解氧（DO）和电导率（EC）随井深的增加，都呈减小的趋势。然而，深层地下水（井深≥60 m）的电导率及其现场测试指标的变化小于浅层地下水（井深< 60 m），表明浅层地下水的化学特征差异性比深层地下水大。

(a) 嫩江-松花江流域

(b) 松花江干流吉林江段江流域

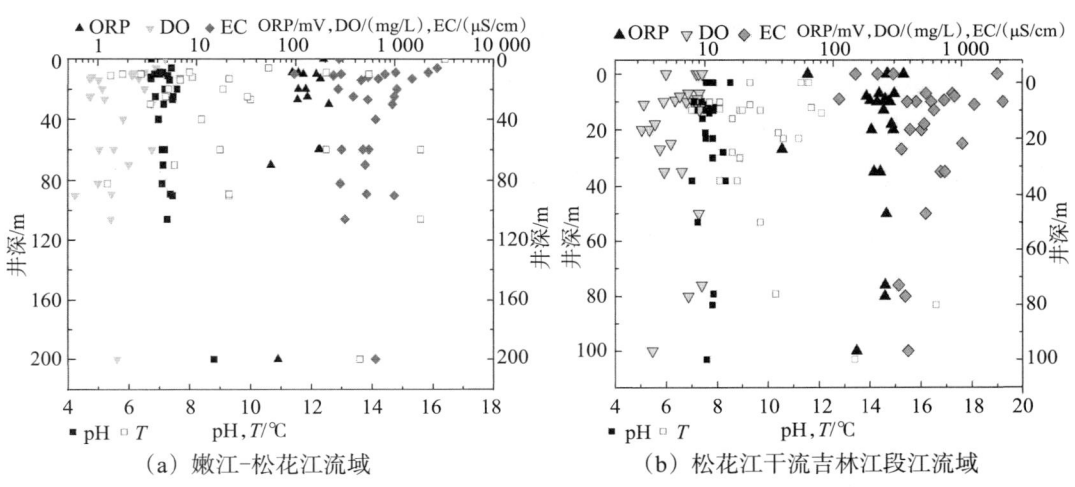

图4-7 松嫩平原地下水现场测试指标与井深的关系

松嫩平原地下水中的主要阴阳离子含量与井深的关系如图4-8所示。总体上，地下水中的阴阳离子含量随井深的增加呈减小的趋势。在嫩江-松花江流域，随井深的增加，各离子含量呈减小的趋势。其中，浅层地下水和深层地下水的Ca^{2+}、Mg^{2+}、Cl^-、SO_4^{2-}和HCO_3^-含量的分布范围较分散。深层地下水样SN39（井深200 m）的Na^+、SO_4^{2-}和HCO_3^-含量较高，分别为164.4 mg/L、70.13 mg/L和349.6 mg/L。特别是水样SN39的Na^+含量甚至高于附近的浅层地下水样SN40（Na^+含量为110.1 mg/L）。这表明此深层地下水的水文地质条件可能与浅层地下水不同，其水化学特征与浅层地下水有着较大的差异。

在松花江干流吉林江段流域，其主要阴阳离子含量分布较分散，表明各水样在空间上的水化学特征差异较大。总体上，各离子含量随井深的增加呈减小的趋势。松花江干流吉林江段的Na^+含量最大值为353.0 mg/L（温泉水样ES31），其次是226.3 mg/L（浅层地下水样ES05），158 mg/L（ES02），其他水样的Na^+含量均低于100 mg/L，表明松花江干流吉林江段水中的Na^+含量较少。温泉水由于温度较高（实测温度达到75.0 ℃），水岩作用强烈，其水中溶解的物质较多，电导率高达1 900 μS/cm。下游的浅层地下水样ES02离伊通河较近，而伊通河排污多年，造成水中的离子含量较高。浅层地下水样ES05打到岩层，地下水位较高，并且附近是盐碱地，地下水中的Na^+含量较高。

松花江干流吉林江段流域的NO_3^-含量差异大，最大为浅层地下水样ES08，其值达到了112.2 mg/L。地下水样ES08的Ca^{2+}、Mg^{2+}和Cl^-含量均最高，电导率高达2

100 μS/cm。此水样位于扶余市陶赖昭镇乌金村，由于农业中的施肥以及农村居住点的生活废水、废物等的排放，都会造成NO_3^-含量的增加。岩石裂隙水样ES53的NO_3^-含量也较高，其值为99.83 mg/L。此水样取自金家满族乡小金屯南村沟饮马河岸旁的岩石裂隙流水。岸边是玉米地，降水流经农地，将土壤中的离子带入水中，从岩石中流出，使此水样中的NO_3^-含量较高。温泉水样ES31的NO_3^-含量仅为3.72 mg/L，进而表明温泉水更主要受水岩相互作用的影响，造成其Cl^-、Na^+和K^+含量较高，分别达到了449.7 mg/L、353.0 mg/L和19.46 mg/L。

4.4 本章小结

在松嫩-三江平原沿松花江、黑龙江、乌苏里江、嫩江及松花江干流吉林江段考察期间，采集了降水、地表水和地下水样品，现场测试了水体的pH、温度、电导率（EC）、氧化还原电位（ORP）和溶解氧（DO）。在室内测定了水中的Ca^{2+}、Mg^{2+}、Na^+、K^+、HCO_3^-、SO_4^{2-}、Cl^-、NO_3^-等离子的含量。考察期间采集次降水样7个，降雨水样中，阴离子HCO_3^-的含量最高，阳离子Ca^{2+}的含量最高，而在长白山顶的水样中，阴离子中的Cl^-含量最高，阳离子中的Na^+含量最高。松嫩-三江平原降水中的化学组分主要来自工农业源和地壳源，部分离子来自海盐粒子。

三江平原地表水和地下水的化学成分中，阳离子以Ca^{2+}为主，阴离子中的HCO_3^-含量最高。现场测试指标中，松花江-黑龙江流域的EC和TDS值大于乌苏里江，而对于pH，乌苏里江高于松花江-黑龙江。乌苏里江地表水中的主要离子除NO_3^-外，其他子含量均高于松花江-黑龙江的地表水。对于三江平原地下水现场测试指标和主要离子，除pH和NO_3^-外，松花江-黑龙江地下水的平均值大于乌苏里江地下水。地下水水温随井深增加，水温稍有降低。松花江-黑龙江地下水水温低于乌苏里江。地下水的ORP值随井深的增加呈减小的趋势。随着地下水深度的增加，主要阳离子Ca^{2+}、Na^+、Mg^{2+}及阴离子HCO_3^-的含量呈增加趋势，而K^+、SO_4^{2-}、Cl^-和NO_3^-等的含量则呈减小的趋势。

松嫩平原的沿嫩江-松花江地表水中的阳离子以Na^+为主，阴离子以HCO_3^-为主；沿松花江干流吉林江段的阳离子以Ca^{2+}为主，阴离子以HCO_3^-为主。地下水的阳离子以Ca^{2+}为主，阴离子以HCO_3^-为主。沿嫩江-松花江流域地表水的电导率（EC）是松花江

(a) 嫩江-松花江流域

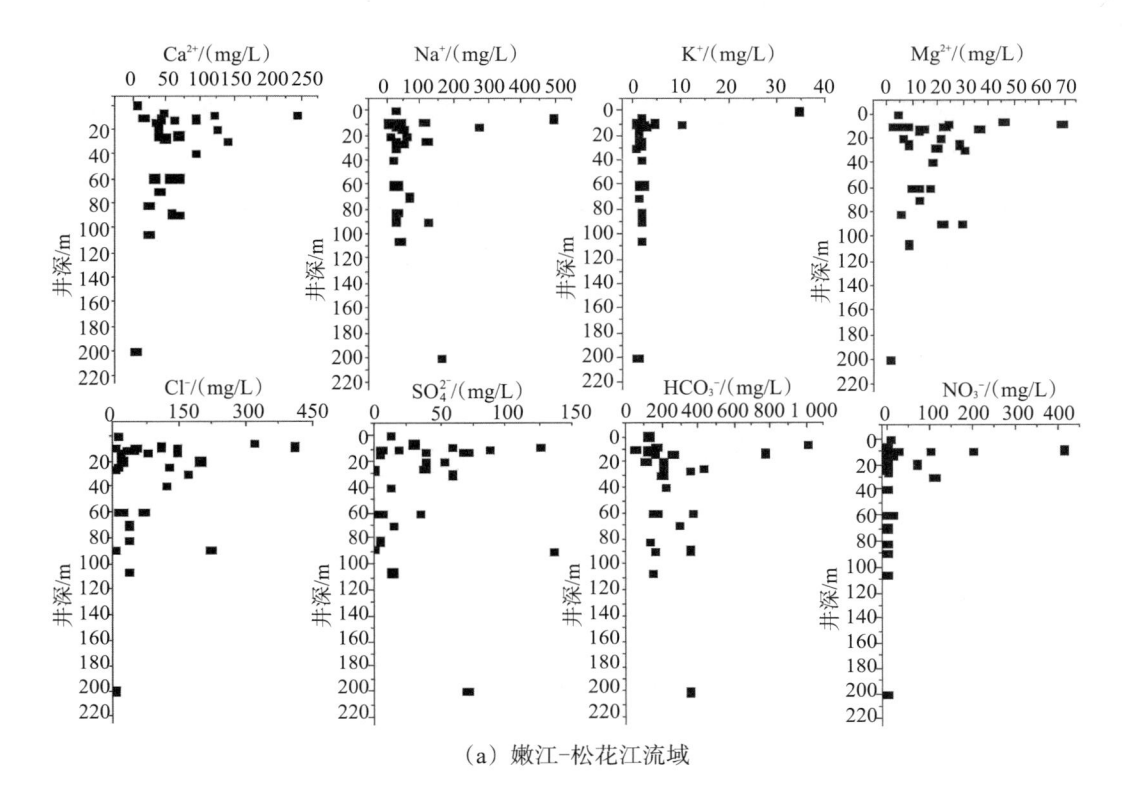

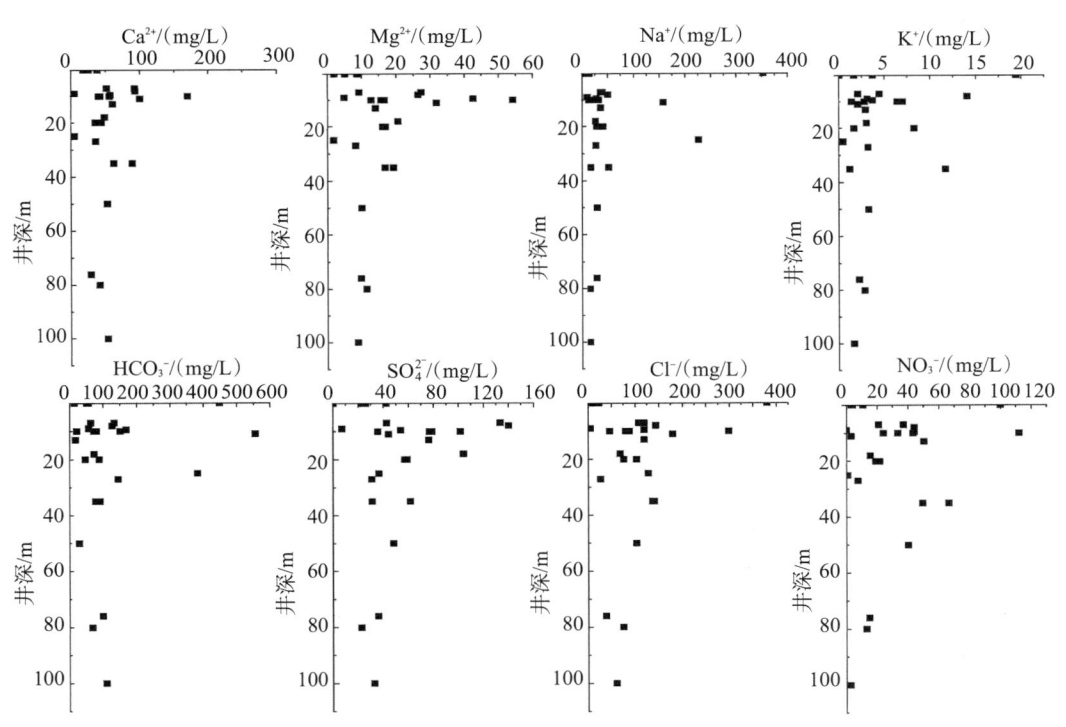

(b) 松花江干流吉林江段流域

图4-8 松嫩平原地下水中的主要阴阳离子含量与井深的关系

干流吉林江段地表水的1.8倍。松花江干流吉林江段的地表水中的NO_3^-含量是嫩江-松花江地表水的2倍多。嫩江-松花江地下水中，Na^+、K^+、Cl^-和SO_4^{2-}平均含量小于松花江干流吉林江段的地下水，而Mg^{2+}、Ca^{2+}、HCO_3^-和NO_3^-平均含量则高于松花江干流吉林江段的地下水。随着井深的增加，地下水的温度稍有增加的趋势。地下水的氧化还原电位（ORP）、溶解氧（DO）和电导率（EC）随井深的增加呈减小的趋势。

第5章

地表水与地下水相互作用的研究

在变化环境下,地表水与地下水受自然因素和人类活动的影响,两者之间的转化关系趋于复杂化。河流与地下水有3种相互作用方式:河流补给地下水;地下水补给河流;河流在某段补给地下水,地下水在某段补给河流。在分析松嫩-三江平原的水文地质条件和地下水流动特征的基础上,综合运用氢氧稳定同位素、氚同位素、水化学以及氟利昂CFCs等多元信息,研究松嫩-三江平原地表水和地下水的相互作用关系。

5.1 地下水流动系统

5.1.1 三江平原的地下水流动系统

三江平原北部的含水岩组为第四系下更新统至全新统的松散沉积物,含水介质为砂、砂砾石,含水层厚度大,分布稳定,其间无隔水层,形成统一含水体。三江平原地表平坦开阔,纵向坡降1‰~2‰,较有利于地下水的储存。同江—富锦—友谊的连线以东地区,因普遍覆盖5~20 m的亚黏土,地下水具微承压性,水位埋深为4~9 m,承压水头为6~7 m。该连线以西地区,无亚黏土覆盖或亚黏土呈岛状分布,为潜水分布区。潜水位埋深一般为4~6 m。完达山南部的穆棱-兴凯平原含水层由河湖相砂、砂砾石或亚黏土及砂砾石组成,上部一般无黏性土覆盖,因而多为潜水,仅在平原南部地区,由于局部含有亚黏土层,地下水显微承压性—承压性。水位埋深受地貌控制,河漫滩地区埋深为1~3 m,广大低平原区埋深为3~5 m,只有阿布沁河以北平原埋深为5～10 m。

三江平原地下水的补给形式多样，地下水循环较简单。地下水运移的基本特征为：沿水平方向上，总体趋势由西南向东北缓慢运动；在垂直方向上循环积极，大部地带第四系孔隙潜水补给古近系裂隙孔隙承压水。三江平原第四系孔隙水按含水层分布、埋藏、厚度，可分为3个区。绥滨—同江—抚远为富水性强区，同江—抚远含水层厚120～240 m，绥滨一带含水层厚120～200 m，最厚可达280 m，渗透系数大于30 m/d，给水度为0.1～0.25。萝北—汤原的连线以东为富水性较强区，其含水层厚度逐渐变薄，其储存、释放功能减弱，渗透系数为12～30 m/d，给水度为0.08～0.20。萝北—佳木斯—别拉洪河的连线以南至山前地区，为富水性中等区，其受基底控制，含水层变薄，一般厚度为40～100 m，渗透系数为6～12 m/d，给水度为0.11。在南部的穆棱-兴凯平原，含水层厚20～80 m，最厚达150 m，含水介质颗粒相对较粗，亚黏土夹层少，地下水补给条件好，水量丰富。在乌苏里江松阿察河沿岸地带，第四系厚达230 m，但因颗粒较细，亚黏土夹层多，赋水性中等（张宗祜等，2005a）。

5.1.2 松嫩平原的地下水流动系统

松嫩平原含水层系统结构可以分为"单层结构含水层系统""双层结构含水层系统"和"多层结构含水层系统"。单层结构含水层系统主要分布在西部山前倾斜平原，双层结构含水层系统主要分布在东部和北部高平原，多层结构含水层系统主要分布在中部低平原（杨湘，2005）。松嫩平原地下水水循环复杂，地下水的补给形式多样，地下水运动的基本特征为：在水平方向上，由平原北东西3面向中心地带运动，由高平原、倾斜高平原向中部低平原运动。在垂直方向上，第四系孔隙潜水和中更新统承压水向下补给更新统承压水；新近系大安组承压水、古近系依安组承压水和白垩系承压水向上越流补给中更新统承压水。第四系、新近系、古近系承压水和白垩系承压水盆地具有半封闭的特点，在水头压力作用下，于松花江干流吉林江段和嫩江汇合地带的低洼部分，下覆各层承压水以越流的形式依次顶托补给上层潜水，并通过松花江干流吉林江段或潜流形式排出（张宗祜等，2005a）。

松嫩平原东部的波状或岗状高平原区，大部分为黄土状亚黏土和亚黏土层覆盖，透水性差，且地面切割较强，起伏较大，不利于地下水赋存，形成含水较弱的潜水或上层滞水，地下水径流条件差异较大。总体流向由东向西，即向河谷和低平原方向运动。对于北部的高平原，其上为砂砾石，砂及含黏土砂砾石覆盖，第四系孔隙潜水径流通畅，总流向为由东北向西南，即由低平原向河谷平原排泄。

对于中西部低平原，由于地势平，包气带岩性、透水性较好，地下水位埋藏浅，但受地形影响，径流迟缓，排泄主要靠蒸发，其次为人工开采。总体流向为西南向。在嫩江和松花江干流吉林江段汇合处，直接补给河谷潜水或向河流排泄。西部山前台地区的表层为少部分的砂砾石，大部分被亚黏土覆盖。地表径流通畅，侧向补给低平原区潜水。西部低平原地表水系对河谷潜水有一定的补给作用。河谷区含水层的颗粒较粗，径流通畅，地下水在含水层的储存时间短。在枯水期，河谷潜水部分侧向补给河水。受水头差影响，潜水向下补给第四系中下更新统孔隙承压水，以及新近系、古近系裂隙孔隙承压水。

松嫩平原的第四系中更新统孔隙承压水分布于相对独立的5个地下水盆地内。其中，位于松嫩低平原，即齐齐哈尔—大庆—肇源—泰来的大面积第四系中更新统孔隙承压水，通过西部和东北部的弱透水边界，接受侧向潜水补给。在北部、西部边缘地带，承压水含水层顶板变薄，孔隙承压水水位高于上覆潜水水位。潜水以"天窗"形式向下补给承压水。在嫩江和松花江干流吉林江段汇合处的低洼地带，由于受地形和水头差影响，承压水以顶托或越流形式向上补给河谷潜水。下更新统孔隙承压水分布于松嫩低平原西部，与上覆孔隙潜水和中更新统孔隙承压水有较好的水力联系，在边缘地带与孔隙潜水接触，通过强透水边界，可得到自上而下的直接或越流形式补给（张宗祜等，2005a）。

5.2　地表水与地下水的相互作用关系

5.2.1　三江平原地表水与地下水的相互作用

三江平原地表水、地下水的氢氧稳定同位素关系如图5-1所示。氢氧稳定同位素在水体运动中起到了"示踪"作用，分析不同水体中的δD和$\delta^{18}O$关系，可以分析水体之间的联系。从图5-1中可以看出，三江平原的地表水和地下水大多分布于当地大气降水线（LMWL）附近，表明地表水和地下水来源于降水。三江平原地表水的δD和$\delta^{18}O$的拟合关系为$\delta D=5.7\delta^{18}O-21.9$，其斜率为5.7，小于大气降水线的7.0，这是由于地表水受到不同程度的蒸发，特别是湖水的蒸发剧烈。

兴凯湖的水体由于受到强烈的蒸发，分布于图5-1的最右上角，且位于当地大气降水线的下方。浅层地下水样SHJ26的井深仅为3 m，井水可能受到蒸发的影响，δD和$\delta^{18}O$关系在图5-1中位于当地大气降水线的下方。深层地下水样SHJ12的氢氧稳定同位素的组成最为贫化，分布于图5-1的最左下方，且位于大气降水线的上方，表明水体补给源的氢氧同位素组成贫化。在松花江和黑龙江汇合处，汇合前后的黑龙江江水的氢氧稳定同位素在地表水中最为贫化，分布于图5-1的左下方，且位于大气降水线之上，表明水体的氢氧同位素组成贫化，在径流流动过程中受到的蒸发程度小。

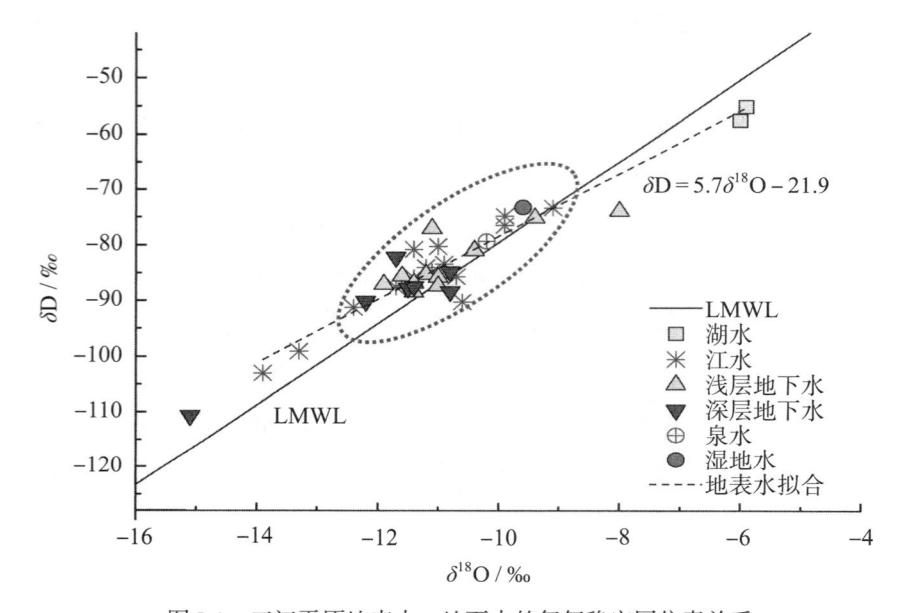

图5-1 三江平原地表水、地下水的氢氧稳定同位素关系

三江平原的湿地水和泉水同大部分江水、浅层地下水和深层地下水一样，位于大气降水线上。地表水和地下水相互交叉分布于图5-1中，表明地表水和地下水之间存在着较强的水力联系。深层地下水样SHJ18D和江水样SHJ22分布于地表水拟合线上，且位于最右下端。深层地下水样SHJ18D位于完达山西的挠力河附近的西丰县河北村，而江水样SHJ22位于完达山东的牙克河，其高程为77 m，高于深层地下水样SHJ18D的高程（58 m）。浅层地下水样SHJ18也位于地表水拟合线上，且其氢氧稳定同位素比深层地下水富集，表明江水和深层地下水可能都接受来自完达山的水体补给，浅层地下水受到蒸发，同位素组成富集。黑龙江江水样SHJ13和深层地下水样SHJ32位于大气降水线下，表明江水同样受到蒸发，而深层地下水样的补给源可能也受到了蒸发。

地表水和地下水的水化学信息也反映了其流动或运移过程中的周围环境或围岩的特征。三江平原地表水和地下水的水化学Piper图如图5-2所示。在松花江–黑龙江流域，地表水和地下水的水化学类型主要为 $Ca^{2+}-Mg^{2+}-HCO_3^-$，阳离子以 Ca^{2+} 和 Mg^{2+} 为主，阴离子以 HCO_3^- 为主。所有水体的碱土金属离子含量高于碱金属离子含量。除浅层地下水样 SHJ05 和 SHJ03 中的任一对阴阳离子的离子含量均不超过 50%（毫克当量百分数）外，其他水体中的碳酸盐硬度大于 50%。浅层地下水样 SHJ05 和 SHJ03 中的 Cl^- 和 SO_4^{2-} 含量较高，两种离子含量之和超过 50%。这可能由于浅层地下水受到了污染，导致水样的离子组成变化，特别是 Cl^- 和 SO_4^{2-} 含量的增加。湿地水、江水和地下水（深层地下水样 SHJ32）在图 5-2 中分布较为紧密，表明其水体之间的水力联系紧密。

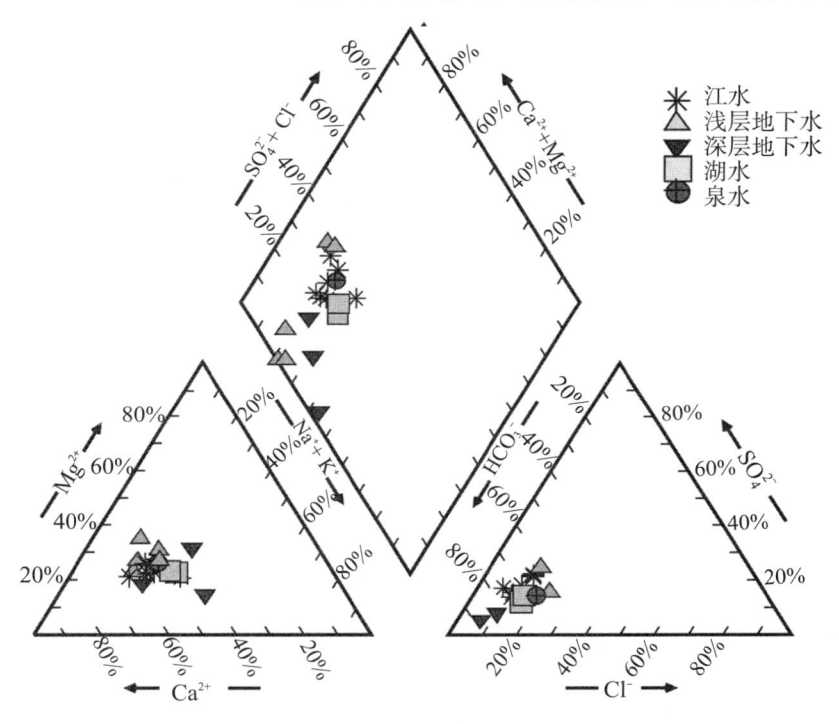

图 5-2 三江平原地表水和地下水的水化学 Piper 图

在三江平原乌苏里江流域，地表水和地下水的水化学类型主要为 $Ca^{2+}-Mg^{2+}-HCO_3^-$，深层地下水样 SHJ24D 的水化学类型为 $Na^+-Ca^{2+}-HCO_3^-$，分布于 Piper 菱形图的最左下方。深层地下水样在图 5-2 中从上至下，依次为 SHJ12、SHJ18D 和 SHJ24D。有 3 个浅层地下水样分布于菱形图的左下方，从上至下（从左至右）分别是 SHJ18、SHJ21 和 SHJ31。另外两个浅层地下水样分布于图 5-2 的左上方，从上至下依次为 SHJ24 和 SHJ26。浅层地下水样 SHJ24（井深 23 m）和深层地下水样 SHJ24D（井深 90 m），均位于虎林市小西山屯，但两者之间的水化学差异大，表明其含水层可能不同。从图 5-2 中可知，泉水、湖水、江水和地下水分布得比较集中，表明水体之间的联系紧密。

水化学的 Gibbs 图可以反映天然水体的 3 个来源，即为大气降水、岩石风化和蒸发

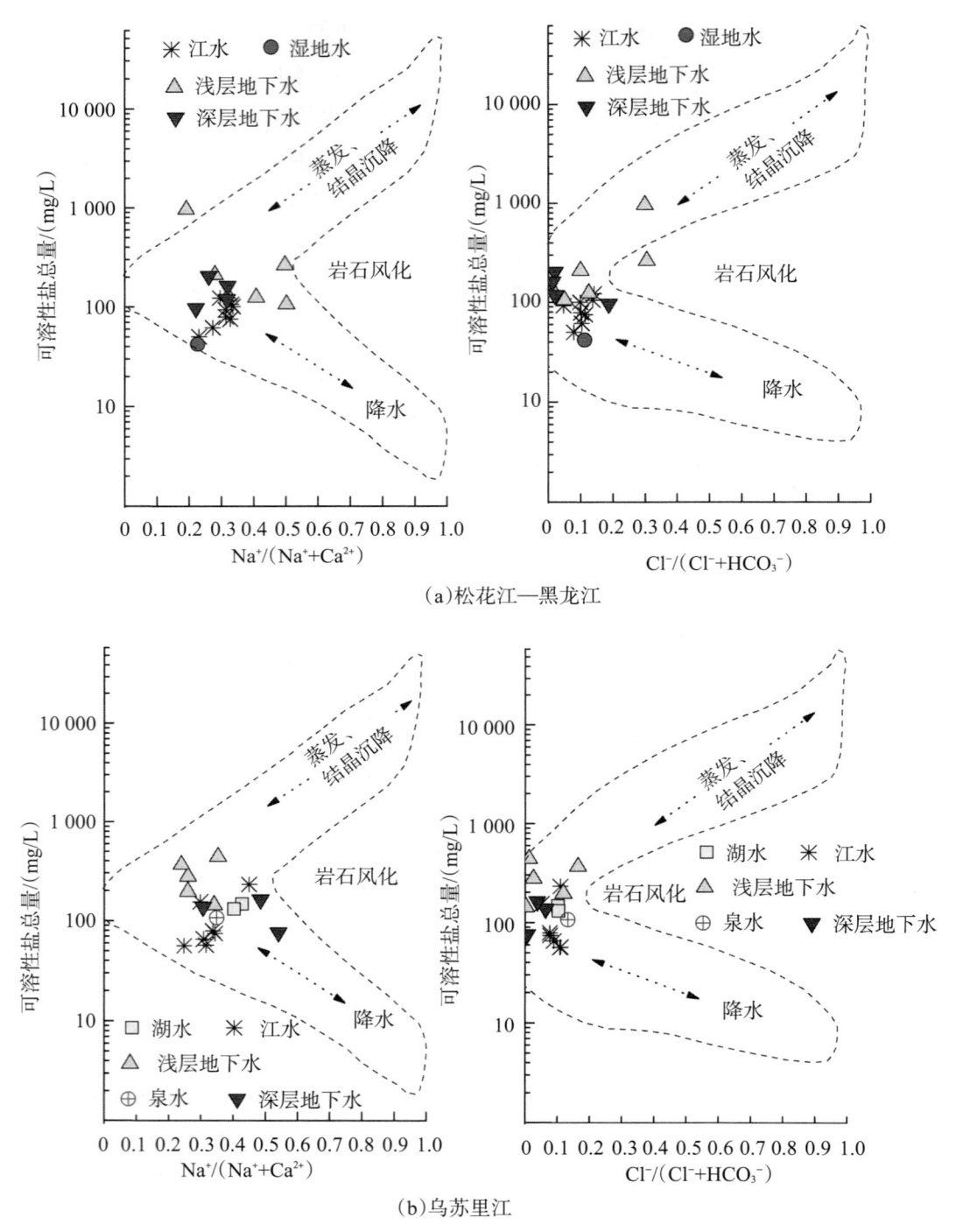

图 5-3 三江平原各水体的水化学 Gibbs 图

—结晶（Gibbs，1970；朱秉启等，2007）。根据测定的水化学组成，分析了三江平原各水体的水化学Gibbs图（图5-3）。三江平原的地表水和地下水主要来源于岩石风化。在松花江-黑龙江流域，浅层地下水样SHJ05和SHJ03也受到蒸发-结晶的影响，特别是SHJ05最靠近蒸发结晶沉降。湿地水及汇合前后的黑龙江江水样SHJ07和SHJ08则主要来自大气降水，在图5-3中更靠近大气降水的区域。深层地下水、浅层地下水和江水在图5-3中主要分布于岩石风化区域，表明江水和地下水都经过了与周围岩石的作用，并且水体之间的水力联系紧密。

结合水体中的氚同位素含量和氧稳定同位素组分，可以分析水体的来源以及水体之间的联系。三江平原水体中的氚同位素含量与$\delta^{18}O$的关系如图5-4所示。浅层地下水样SHJ24的氚同位素含量最高，而其氧同位素组分与浅层地下水相近，表明水体来源相近，可能是特殊的地质条件造成浅层地下水的氚同位素含量高。兴凯湖湖水的氧同位素$\delta^{18}O$最大，其氚同位素含量与江水相近，表明其水体来源与江水相同，水体由于受到蒸发，造成氧同位素富集。深层地下水样SHJ12的氧同位素组分贫化，$\delta^{18}O$值最小，表明地下水补给源是氧同位素较贫化的水体。此地下水附近的乌苏里江江水样SHJ11的氧同位素比SHJ12富集，而氚同位素含量较深层地下水高。根据氧同位素分析可知，此处江水补给地下水的可能性小。而在松花江和黑龙江汇合处，汇合前后的黑龙江江水样SHJ07、SHJ08的氧同位素较为贫化，氚同位素含量较SHJ12高，可能是汇合处的江水经含水层补给深层地下水。

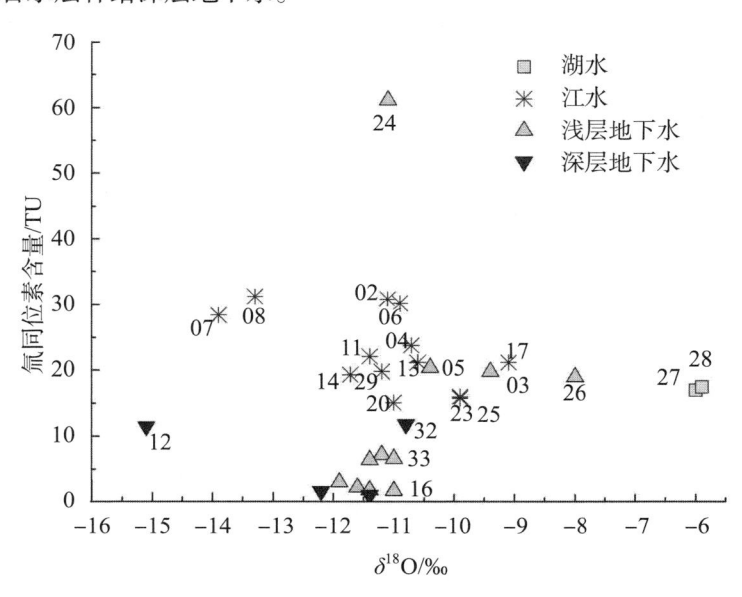

图5-4　三江平原水体中的氚同位素含量与$\delta^{18}O$的关系

浅层地下水样SHJ26的氧同位素较穆棱河水样SHJ25富集。从氚同位素含量分析，浅层地下水补给江水，江水的氚同位素含量低于地下水，而补给地下水的水体在入渗过程中受到了蒸发，导致浅层地下水的氧同位素富集。浅层地下水样SHJ03的氚同位素含量低于附近松花江江水样SHJ02，而氧同位素较江水富集，表明江水可能补给浅层地下水。浅层地下水样SHJ05的氚同位素含量低于松花江江水样SHJ04，而氧同位素δ^{18}O值大于江水，表明松花江江水可能补给此处的浅层地下水。

5.2.2　松嫩平原地表水与地下水的相互作用

松嫩平原嫩江-松花江流域的氢氧稳定同位素δD和δ^{18}O关系图如图5-5所示。地表水和地下水都落在当地大气降水线附近，表明各水体主要来自大气降水。地表水的δD和δ^{18}O拟合关系为：$\delta D=5.2\delta^{18}O-26.3$，其拟合线性方程的斜率为5.2，小于大气降水线的7.0，表明地表水受到较强烈的蒸发，特别是湖水的蒸发最为强烈。从图5-5中的右上至左下，湖水分别是SN37、SN15、SN26和SN29。湖水样SN37位于大庆市市中心的三永湖，湖水蒸发剧烈，其同位素最为富集。湖水样SN15取自五一村西湖，水体的同位素组成较为富集。五大连池的二池水样SN29的同位素组成与浅层地下水较接近，二池周围地势平坦，附近是农田，水中有养鱼，而五大连池的南格拉球山天池湖水样SN26位于山顶，周围覆盖森林，水体的同位素组成较二池富集。

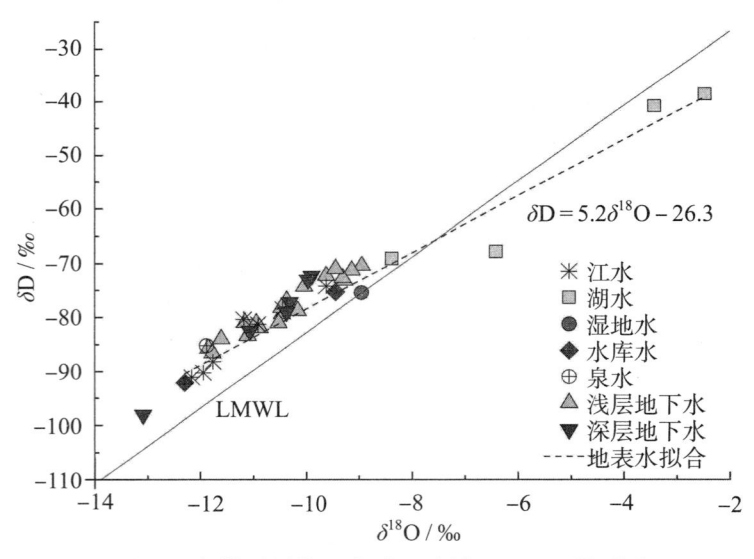

图5-5　松嫩平原嫩江-松花江流域δD和δ^{18}O关系图

扎龙湿地的湿地水样落在当地大气降水线上，表明湿地水直接来源于降水，并且基本上没有受到蒸发的影响。地下水和江水落在大气降水线上方，说明地表水和地下水的补给水体的同位素组成贫化。尼尔基水库水样SN23的氢氧稳定同位素组成在地表水中最为贫化，这可能由于其位于嫩江上游，上游山区来水的同位素组成贫化。而平原中部的红旗水库水样 SN38 的同位素组成较上游水库富集。浅层地下水的氢氧稳定同位素在空间上的差异明显，丘陵山区或上游的浅层地下水的同位素组成较平原区或中下游贫化。深层地下水中的氢氧稳定同位素存在与浅层地下水相似的空间分布特征。然而，扎龙湿地的深层地下水样 SN17（井深 106 m，δD=-98.0‰，$\delta^{18}O$=-13.1‰）同位素组成最为贫化，与其他地下水存在着明显差异，说明其补给源可能是同位素贫化的水体。嫩江-松花江流域各水体的 δD 和 $\delta^{18}O$ 关系在图 5-5 中呈带状分布，说明各水体来源和周围环境的差异性，局部水体之间联系紧密。

松嫩平原松花江干流吉林江段流域地表水的氢氧同位素组成的拟合线为 $\delta D=5.7\delta^{18}O-16.5$，斜率小于当地大气降水线，表明地表水受到了蒸发作用的影响，如图 5-6 所示。各水体分成了 3 部分，长白山附近的地表水和地下水分布于图 5-6 的左下角，其水体中的氢氧同位素组分较贫化。沿流向，地表水采样点在 δD-$\delta^{18}O$ 分布图中向右上方移动。流域中游地表水和地下水采样点主要分布于 δD-$\delta^{18}O$ 关系图中的第二个范围。流域下游的地表水分布于图 5-6 的右上角，氢氧同位素组成富集。农安县附近两家子水库（ES03）的氢氧同位素组成最为富集，分布在图 5-6 的最右上角，其水体受到了强烈的蒸发。

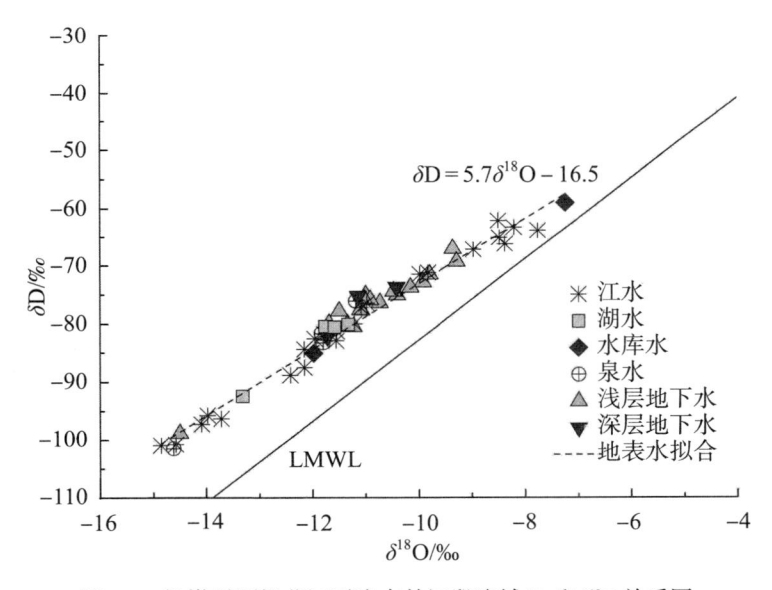

图 5-6　松嫩平原松花江干流吉林江段流域 δD 和 $\delta^{18}O$ 关系图

松花江干流吉林江段流域的各水体在图 5-6 中分成了 3 个范围。长白山的融雪溪水样 ES32、温泉水样 ES31 和瀑布水样 ES30 的氢氧稳定同位素组成最为贫化，分布于图 5-6 的最左下方。氢氧稳定同位素分布于这个范围的还有 3 个江水样：二道白河镇河水样 ES34、抚松水电一厂水样 ES35 和抚松县抚生松花江大桥下的江水样 ES37。长白山生态站内的浅层地下水样 ES33 的氢氧同位素组成较为贫化，其 δD 和 δ^{18}O 数值接近于长白山的地表水和泉水。靖宇县松江村白山湖（头道江水）湖水样 ES40 的同位素组成在湖水和水库水中最为贫化。这个范围的水体都位于松花江干流吉林江段上游，海拔高，水体可能接受同位素组成降水或融雪的补给，其同位素组成贫化。

氢氧稳定同位素组成最为富集的水体分布于图5-6的最右上方。两家子水库水样 ES03 是从长春南新立水库暗管引入该地，水体受到蒸发作用的强烈影响，其氢氧同位素组成最为富集。吉林市昌邑区东岗子村的浅层地下水样 ES18（井深20 m）和德惠市无台镇华家屯的浅层地下水样 ES05（井深11 m）的氢氧稳定同位素组成在地下水中最为富集，这两个采样点分别位于松花江干流吉林江段和饮马河下游。江水样 ES09、ES04、ES56、ES06、ES01 和 ES47 的氢氧稳定同位素组成在江水中最富集，并且其 δD 和 δ^{18}O 数值大于浅层地下水，这6个江水样位于松花江干流吉林江段、饮马河下游，由于水体受到了强烈的蒸发作用，水体中的氢氧同位素组成较为富集。其他水样分布于第二个范围，这些水样主要是中游的地表水和地下水，其氢氧稳定同位素组成介于最贫化的上游山区和下游平原之间。松嫩平原松花江干流吉林江段流域的氢氧稳定同位素在图5-6中呈离散带状分布，表明各水体来源和周围环境在上、中、下游有较大的差异性，在中游各水体之间的水力联系紧密。

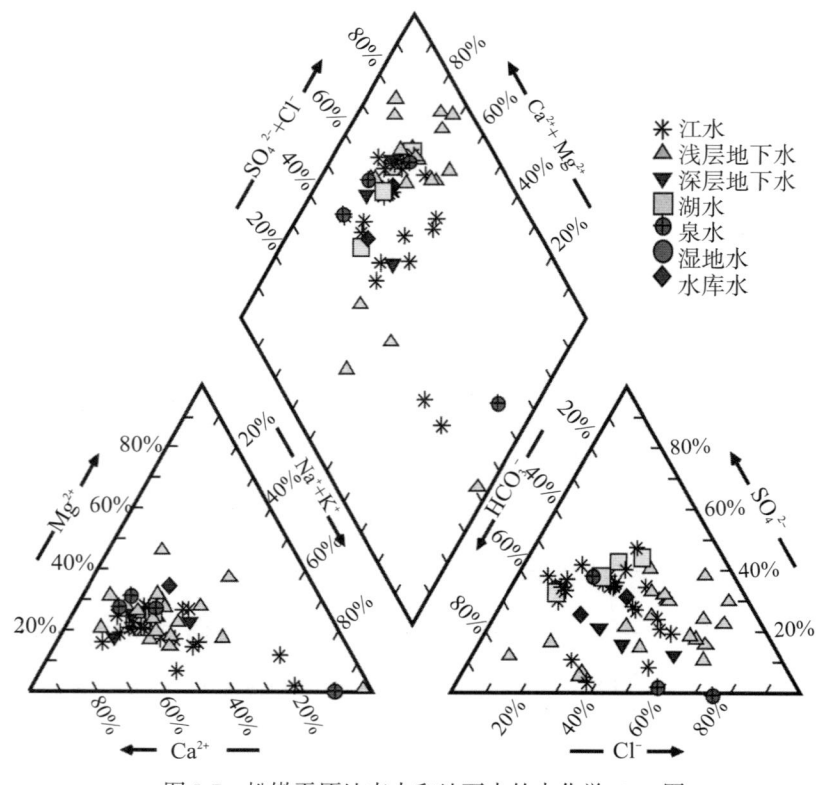

图5-7 松嫩平原地表水和地下水的水化学 Piper 图

根据松嫩平原地表水和地下水的水化学测试结果，作出了嫩江—松花江和松花江干流吉林江段的Piper图（图5-7）。在嫩江-松花江流域，其水化学类型比较复杂。在图5-7中，最下端的水化学类型主要是$Na^+-HCO_3^-$，中间的水化学类型主要为$Ca^{2+}-Mg^{2+}-HCO_3^-$，最上方的水化学类型主要是$Ca^{2+}-Mg^{2+}-Cl^-$。扎龙湿地水的水化学类型为$Na^+-Ca^{2+}-HCO_3^-$，其附近的地下水的水化学类型均为$Na^+-Ca^{2+}-HCO_3^-$。平原中部的地表水和地下水中的Na^+和HCO_3^-含量高，此区域的苏打盐碱情况比较严重。

在嫩江-松花江流域的水化学Piper图中，位于菱形图最下方的水样有浅层地下水样SN11和SN36，深层地下水样SN39，以及湖水样SN15和SN37。这些水样主要分布于平原的中部，由于地下水的流动性弱，含水层中的Na^+含量高。五大连池的泉水样SN28在图5-7中也分布于此范围。在菱形图中，最上端的水样主要是分布于平原北部和东部边缘的浅层地下水样SN20、SN33、SN35、SN40和SN42。尼尔基水库水样SN23的Cl^-含量较高，大安试验站的深层地下水样SN09的Na^+和Cl^-含量较高，也归为此范围。从Piper图分析可知，水体主要向两个方向演化。一个演化方向在自然因素的主导下，水体中的Ca^{2+}、Mg^{2+}与Na^+交换，从$Ca^{2+}-Mg^{2+}-HCO_3^-$类型演化为$Na^+-HCO_3^-$型，即形成了苏打盐碱化。另一个演化方向主要受人类活动的影响，水体中的阴离子Cl^-和SO_4^{2-}含量增加，使水体从$Ca^{2+}-Mg^{2+}-HCO_3^-$类型演化为$Ca^{2+}-Mg^{2+}-Cl^-$类型。

松花江干流吉林江段水的化学类型分布广，阳离子以Ca^{2+}、Mg^{2+}为主，阴离子以HCO_3^-、Cl^-为主。在Piper菱形图中，两处江水样（ES30、ES34）、一个浅层地下水样（ES02）的水化学类型为$Na^+-HCO_3^-$型，温泉水样（ES31）的水化学类型为Na^+-Cl^-型，这些水样分布于菱形图的最下方。浅层地下水样ES02位于伊通河附近，由于河水受到污染，因此地下水中的Na^+含量高。长白山降水的水化学类型为Na^+-Cl^-型，瀑布水样ES30和二道白河镇江水样ES34可能直接来自降水或融雪。

有3个浅层地下水样（ES05、ES12和ES33）与其他浅层地下水的水化学类型不同，其水样中的Na^+含量较高。水样ES05附近有盐碱地，地下水中的Na^+含量高。水样ES12的水化学类型为$Ca^{2+}-Na^+-HCO_3^-$。长白山生态站地下水样ES33接受长白山降水或融雪水的补给，地下水中的Na^+含量高。位于菱形图最上端的主要是浅层地下水，水化学类型为$Ca^{2+}(Mg^{2+})-Cl^-(SO_4^{2-})$，这表明浅层地下水可能受到人类活动的影响，从而导致水体中的Cl^-含量增加。根据Piper图分析可知，由于水体与围岩的相互作用，松花江干流吉林江段流域水体的演化方向主要从长白山源区的$Na^+-HCO_3^-$型演化

成 Ca^{2+}–Mg^{2+}–HCO_3^- 型。在人类活动的影响下，水化学类型向 $Ca^{2+}(Mg^{2+})$-Cl^-（SO_4^{2-}）演化。由于下游平原分布着部分盐碱地，局部区域的地下水的水化学类型有差异。

根据松嫩平原地表水和地下水的水化学测试结果，对各水体作Gibbs图，分析各水体的来源，判断水体之间的联系（图5-8）。在嫩江-松花江流域，组成岩土矿物盐类的溶滤作用是各区域河水、地下水水化学形成的控制性因素。泰康县、大安市井灌区的盐碱地区域和大庆开发区农场的浅层地下水，区域蒸发作用对水化学的形成有一定的影响。五大连池的南格拉球山天池湖水样SN26主要受大气降水的控制，在图5-8中位于大气降水的主导区域。此外，五大连池附近的浅层地下水样SN27、讷谟尔河江水样SN31和尼尔基水库水样SN23也不同程度地受大气降水的主导，这些水体主要位于河流上游，水体来源主要是大气降水。江水主要受岩石风化的影响，其水体来源与岩石作用。湖水、部分浅层地下水和深层地下水则受到蒸发-结晶作用的主导，水体受到了蒸发。其中，大安试验站灌溉用井深层地下水样SN09受到的蒸发-结晶作用最强烈。

根据Gibbs图分析可知，松嫩平原松花江干流吉林江段流域的地表水和地下水主要受岩石风化控制。长白山的溪水样ES32，江水样ES35和ES37，以及长白山试验站的浅层地下水样ES33主要受大气降水主导，表明这些水体都可能主要来源于长白山降水或融雪水。温泉水样ES31在图5-8中落在蒸发-结晶区域，温泉水在流动过程中与围岩作用，在涌出时的蒸发-结晶作用明显。湖水、水库水、泉水和部分江水落在岩石风化控制区，但靠近大气降水区域。浅层地下水和部分江水靠近蒸发-结晶区域，表明浅层地下水和江水受了蒸发的影响。从图5-8中可以看出，深层地下水比浅层地下水的蒸发影响小。

5.3 地表水与地下水的相互转换比例估算

以氢氧稳定同位素（$\delta^{18}O$）或水化学组成的保守离子（Cl^-），作为水体的示踪信息。结合野外调查时测定的地表水和地下水水位，综合判断地表水、浅层地下水和深层地下水的运移方向。运用二端元法，利用式（1-1）、式（1-2）和式（1-3），可计算地表水和地下水相互作用以及对混合水体的贡献比率。

(a) 嫩江—松花江

(b) 松花江干流吉林江段

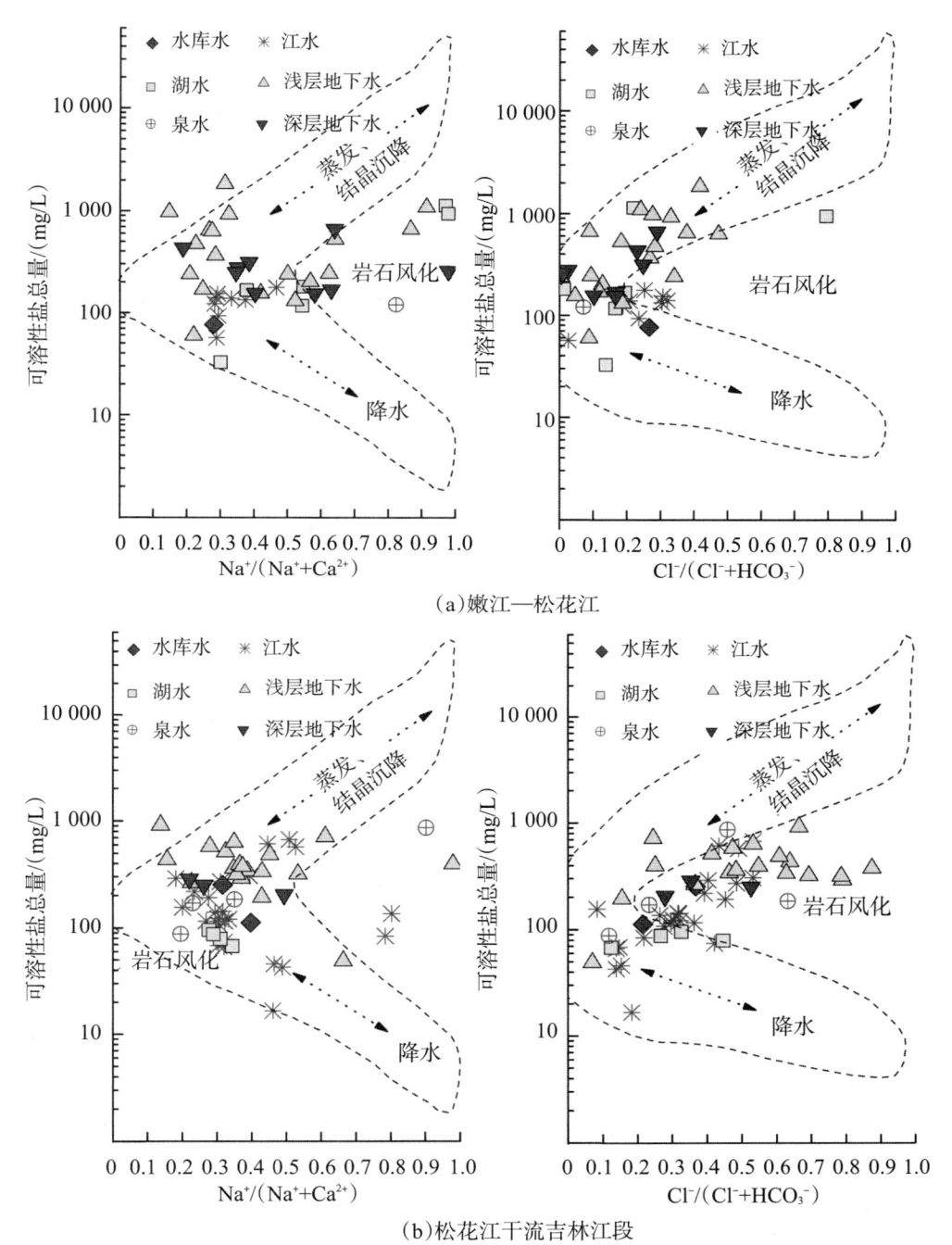

图 5-8 松嫩平原的水化学 Gibbs 图

5.3.1 三江平原地表水与地下水的相互转换比例

沿松花江流向，在佳木斯下游的桦川县，采集了江水样SHJ02，同时在附近的双兴村分别采集了浅层和深层地下水样SHJ03和SHJ03D。三江平原桦川县处松花江江水和地下水的相互作用关系如图5-9所示。该处含水层主要是冲积的砂土和砂砾石等，水力连通性较好。SHJ02水样所处的江水水面的高程（80 m）略低于SHJ03水样所处的浅层地下水的水位（80.2 m），表明浅层地下水补给江水。利用氢氧稳定同位素中的氧同位素组分（$\delta^{18}O$）计算，上游江水SHJ01的贡献率为85%，而此处的浅层地下水占15%。

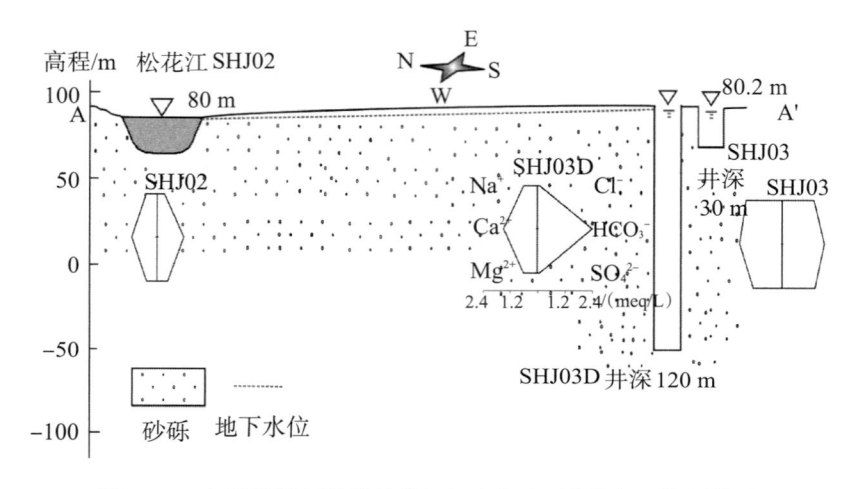

图5-9 三江平原桦川县处松花江江水和地下水的相互作用关系

江水、浅层地下水和深层地下水的$\delta^{18}O$值分别为-11.1‰、-9.4‰和-11.5‰。深层地下水的氧稳定同位素比浅层地下水和江水贫化，表明深层地下水的补给来源的水体同位素组成贫化。从氧同位素组分上分析，深层地下水和浅层地下水的水力联系不明确。Stiff图是直观表示单个水样离子成分的一种独特方式，浅层地下水和深层地下水距江水约6 km，深层地下水与江水的水力联系不明确。根据Stiff图可知，浅层地下水中的Cl^-和SO_4^{2-}离子含量高于深层地下水。浅层地下水主要用于灌溉，而深层地下水则用作当地居民的饮用水源。深层地下水离松花江的距离约为10 km，主要补给源是降水和附近的地下水。

三江平原富锦市地表水和地下水的相互关系如图5-10所示。沿松花江流向，在富锦市处，SHJ05水样所处的浅层地下水的水位（65.4 m）高于松花江江水的水面高程（59 m），表明地下水可能补给江水。运用氧稳定同位素组分（$\delta^{18}O$）计算了上游江水和此处浅层地下水的补给比例。浅层地下水样SHJ05补给江水的比例占到了43%，而上游江水 SHJ02 的比例为 57%。松花江在桦川县和富锦市段是盈水河，江水接收沿线的浅层地下水补给。

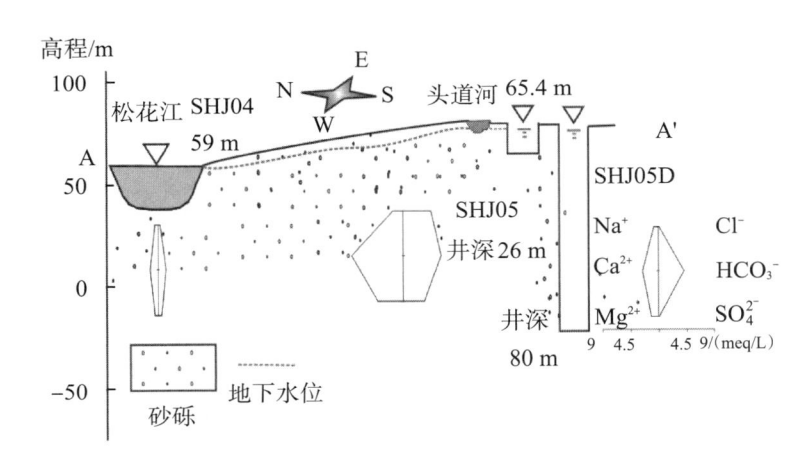

图 5-10　三江平原富锦市地表水和地下水的相互作用关系

此处江水、浅层地下水和深层地下水中的氧稳定同位素 $\delta^{18}O$ 分别为 –10.7‰、–10.4‰ 和 –10.8‰。深层地下水的氧同位素也较浅层地下水和江水贫化，表明深层地下水的补给来源水体的同位素组成贫化。由于地下水位置距江边的垂直距离约为 0.9 km，且地下水与江水的同位素组成较为接近，特别是与深层地下水的氧同位素组成更为接近，表明地下水与江水的水力联系紧密。依据 Stiff 图可知，浅层地下水的离子含量最高，深层地下水的离子含量次之，江水的离子含量最小。

在同江市松花江与黑龙江汇合处，分别采集了松花江汇合前后的黑龙江的水样 SHJ06、SHJ07 和 SHJ08。三江平原同江市地表水和地下水的相互作用关系如图 5-11 所示。现场测试的水面高程为 54 m，而浅层地下水样 SHJ09 水位为 52 m，表明松花江和黑龙江江水补给浅层地下水。运用氧稳定同位素计算了松花江和汇合后的黑龙江江水对浅层地下水的补给比例，其中，来自松花江的补给占 88%，来自黑龙江的补给占 12%。在松花江与黑龙江汇合处，江水的水面高于浅层地下水的水位，在同江市附近的江水补给浅层地下水，表明松花江和黑龙江在此段是亏水河。

同江市松花江江水的氧稳定同位素含量为 –10.9‰，汇合前后的黑龙江江水中的 $\delta^{18}O$ 分别为 –13.9‰ 和 –13.3‰，浅层地下水的 $\delta^{18}O$ 为 –11.2‰。汇合前后的黑龙江江水的同位素组成最贫化。根据 Stiff 图可知，汇合前后的黑龙江江水的离子含量较少，水化学类型基本相同。松花江水中的离子含量较黑龙江高，特别是碳酸氢根的含量高于黑龙江江水。浅层地下水的离子含量最高。

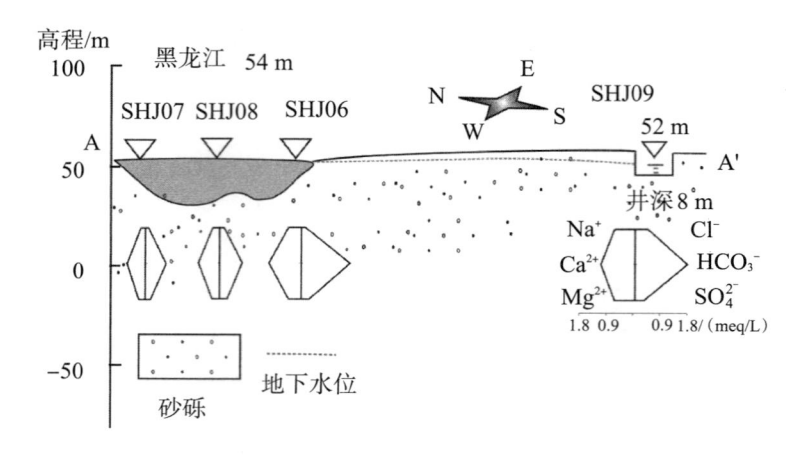

图 5-11　三江平原同江市地表水和地下水的相互作用关系

三江平原饶河县地表水和地下水的相互作用关系如图5-12所示。沿乌苏里江流向，在饶河县采集了江水和地下水。乌苏里江江水样SHJ20所处的水面高程（43 m）低于浅层地下水样SHJ21所处的水位（48 m）。结合水文地质资料和现场调查时的发现，浅层地下水的采样井的井深为19 m，水井打至砂岩，表明浅层地下水补给江水。运用氧稳定同位素计算了此处浅层地下水和上游江水对江水的补给比例，浅层地下水样SHJ21对江水的补给比例占73%，上游江水的补给为27%。

在乌苏里江和黑龙江汇合处，黑龙江水样（SHJ13）和乌苏里江水样（SHJ11）所处的江水水面海拔分别是44 m和40 m，深层地下水（SHJ12，井深100 m）的水位是32.5 m。然而，深层地下水的$\delta^{18}O$数值（-15.1‰）比黑龙江江水样SHJ11（-11.4‰）小，表明深层地下水的补给来源的水体的同位素组成很贫化。在三江平原沿江河段，主要是浅层地下水补给江水；在松花江与黑龙江汇合处，浅层地下水接收江水的补给。

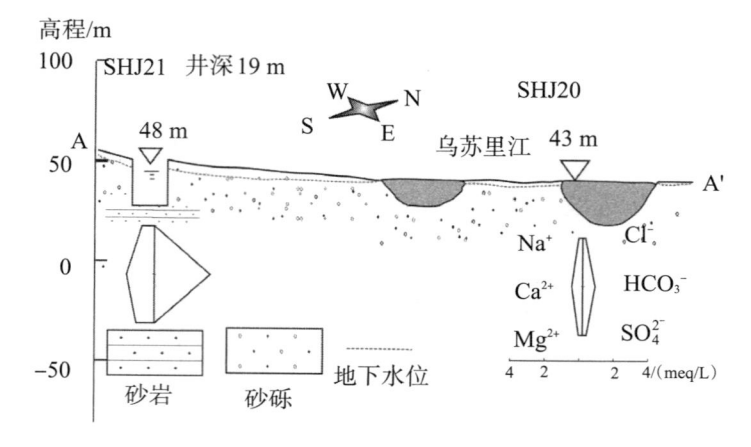

图 5-12　三江平原饶河县地表水和地下水的相互作用关系

5.3.2　松嫩平原地表水与地下水的相互转换比例

在松嫩平原北部的五大连池，湖水样SN26和SN29由于受到蒸发作用的影响，其氢氧稳定同位素较富集。浅层地下水样SN30的地下水水位是262.76 m，而讷谟尔河江水样SN31的水位是246 m，表明浅层地下水向河流排泄。在尼尔基水库，水库水样SN23的水面高程为210 m，浅层地下水样SN24的地下水位是183.95 m。水库水的$\delta^{18}O$值为–12.3‰，而深层地下水样SN25和浅层地下水样SN24的$\delta^{18}O$值均为–11.1‰。从水力梯度上分析，水库水补给地下水。乌裕尔河的河水样SN32水面低于克山县浅层地下水样SN33的地下水位（209.68 m），浅层地下水的$\delta^{18}O$值（–10.2‰）比江水的（–9.6‰）小，表明浅层地下水补给河流，河流受到蒸发，同位素比地下水富集。

在齐齐哈尔市的嫩江江水样SN20所处的水面高程（175 m）高于浅层地下水样SN22和深层地下水样SN21的水位。深层地下水的$\delta^{18}O$值（–10.9‰）小于浅层地下水的$\delta^{18}O$值（–10.5‰），而江水的$\delta^{18}O$值（–11.9‰）最小。从水文地质剖面图可知，在齐齐哈尔有黏土分布，嫩江江水仍可以通过河床补给地下水。在嫩江、松花江干流吉林江段下游的江水样SN12（$\delta^{18}O$值为–12.2‰）和SN06（$\delta^{18}O$值为–11.5‰）的氢氧稳定同位素组成较深层地下水样SN13（$\delta^{18}O$值为–9.9‰）、浅层地下水样SN07（$\delta^{18}O$值为–10.1‰）和深层地下水样SN08（$\delta^{18}O$值为–10.2‰）贫化。嫩江和松花江干流吉林江段汇合后的松花江江水样SN04（$\delta^{18}O$值为–11.2‰）也高于附近地下水SN05（$\delta^{18}O$值为–9.6‰）。

松嫩平原哈尔滨市地表水和地下水的相互作用关系如图5-13所示。沿松花江流向，在哈尔滨市的江水SN01的$\delta^{18}O$值为–10.9‰，附近的浅层地下水样SN02的$\delta^{18}O$值为–9.1‰，深层地下水样SN03的$\delta^{18}O$值为–10.0‰。江水的氢氧稳定同位素较地下水贫化。从同位素信息分析，江水样SN01可能接受浅层地下水样SN02的补给。运用氧稳定同位素数值计算可知，上游松花江水对哈尔滨松花江水的贡献比例为89%，当地浅层地下水的补给比例占11%。松嫩平原的水文地质条件复杂，地表水与地下水的相互转换情况需综合分析。

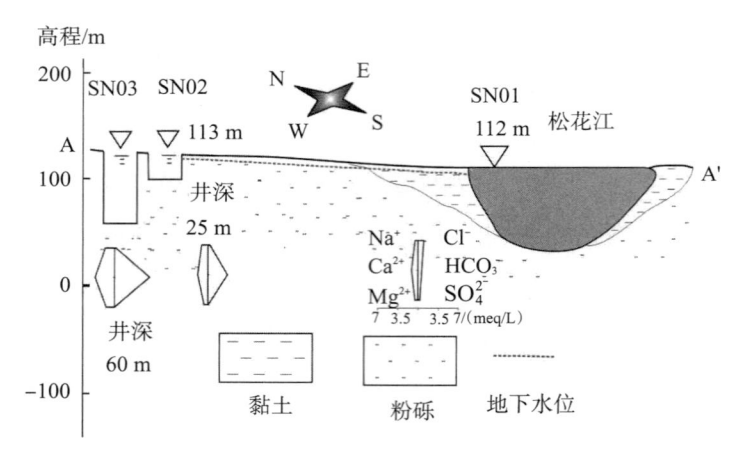

图5-13　松嫩平原哈尔滨市地表水和地下水的相互作用关系

在松花江干流吉林江段流域，分别采集地表水和地下水水样。在五金屯处，在结合水文地质的基础上，分析了地表水和地下水的同位素和水化学信息，表明江水接受附近浅层地下水的补给，如图5-14所示。运用氧稳定同位素计算可知，江水样ES07受浅层地下水样ES08和上面江水样ES11的补给比例分别为18.7%和81.3%。根据Stiff图可知，浅层地下水的离子含量高于江水，特别是Cl^-和Ca^{2+}含量较高。在舒兰市溪河镇的江水样ES15同样接受了浅层地下水样ES16和上面江水样ES17的补给，比例分别为13.3%和86.7%。

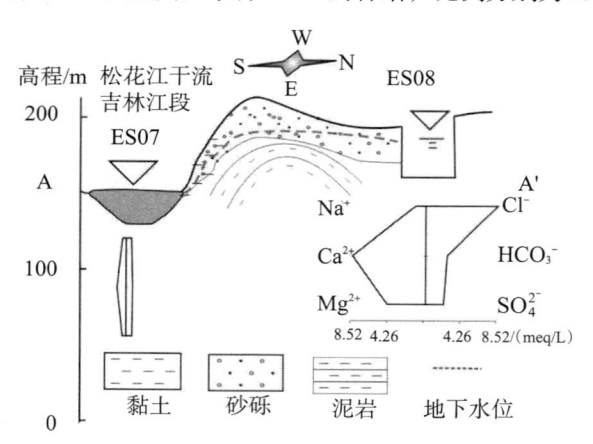

图5-14　松花江干流吉林江段流域五金屯处江水和地下水的相互作用关系

松花江干流吉林江段流域爱林村处江水和地下水的相互作用关系如图5-15所示。松花湖的湖水、浅层地下水和深层地下水的同位素组分接近，在结合水文地质资料的基础上，根据电导率和Cl^-含量分析，深层地下水样ES25可能受到地表水样ES24和浅层地下水样ES26的补给。根据Cl^-含量计算可知，地表水和浅层地下水的补给比例分别为16.9%和83.1%。据Stiff图，浅层地下水的离子含量最高，深层地下水次之，江水最小。在头道江深层地下水样ES41可能受江水样ES40和浅层地下水样ES42的补给，根据$\delta^{18}O$值计算可知，江水和浅层地下水的补给比例分别为23.8%和76.2%。在饮马河上游的深层地下水样ES51也受江水样ES49和浅层地下水样ES50的补给，补给比例均为50%。

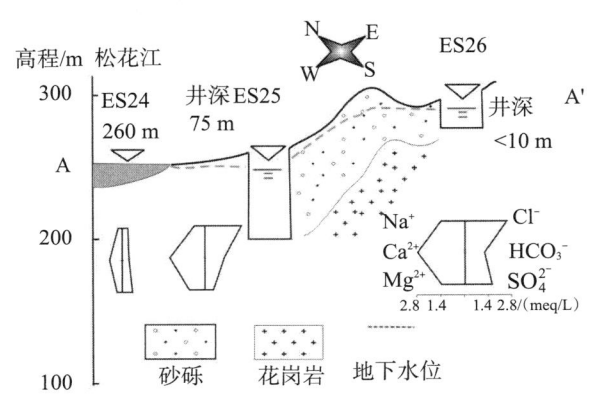

图5-15　松花江干流吉林江段流域爱林村处江水和地下水的相互作用关系

5.4　地表水与地下水相互作用下的水化学混合模拟

　　PHREEQC是由美国地质调查局（U.S. Geological Survey，USGS）开发的水文地球化学模拟软件。PHREEQC用C语言编写进行低温水文地球化学计算的计算机程序，它兼容了PHREEQE和NETPATH的全部功能。与传统的水化学反应模型相比，目前的PHREEQC不仅可以描述局部平衡反应，还可以模拟动态生物化学反应以及双重介质中多组分溶质的一维对流-弥散过程（Parkhurst等，2013；毛晓敏等，2004；徐乐昌，2002）。根据同位素和水化学信息，利用PHREEQC对水化学成分进行了模拟分析（Banks等，2011；Katz等，1997）。

　　在地表水与地下水的相互作用下，同位素和水化学信息反映了水体的运动和水体混合情况。在分析地表水和地下水的相互作用的基础上，根据氧稳定同位素或保守离子所估算的比例，运用PHREEQC Interactive定量模拟水化学成分。首先，分别将混合前的两种水样的pH、水温（temp）、主要的阴阳离子含量（HCO_3^-、Ca^{2+}、Cl^-、K^+、Mg^{2+}、Na^+、SO_4^{2-}），以及氢氧稳定同位素组分（^2H、^{18}O）作为变量输入SOLUTION中，定义溶液的性质；然后，运用PHREEQC中的MIX过程将两种溶液混合，混合的比例（mixing fraction）根据前面的相互转换比例输入；最后，运行输入文件（run input file）得到混合前后水体中的主要离子（solution composition）、各元素可能的存在形态（distribution of species）以及矿物的饱和指数（saturation indices）等。

将软件所计算的混合后的水体中的主要离子含量与实测的水样中的主要离子含量进行了对比分析。各主要离子含量的计算数值的准确度采用实测数值与计算数值的相对误差表示。某水样的模拟结果的准确度采用各主要离子的误差的标准差分析。相对误差（RE）以及误差的标准差（SDE）的计算公式见式（5-1）和式（5-2）。

$$RE = \frac{y_i - \hat{y}_i}{y_i} \tag{5-1}$$

$$SDE = \sqrt{\frac{1}{n}\sum_{i=1}^{n}(y_i - \hat{y}_i)^2} \tag{5-2}$$

式中，y_i 表示实测的水样中的离子含量数值；$\hat{y}_i$ 表示运用PHREEQC所计算的水体中的离子含量数值；n 表示主要的离子种类，即7种主要阴阳离子。

运用软件对三江平原的地表水与地下水的相互作用关系进行了模拟计算（表5-1）。在松花江与黑龙江汇合处的浅层地下水样SHJ09的计算结果最准确，水样中的主要离子误差的标准差为5.53；在桦川县的松花江水的计算结果与实测数值误差的标准差为12.58。在富锦市松花江和饶河县的乌苏里江的计算结果与实测值差异大，主要离子误差的标准差分别达到了69.76和58.85。河流不同区域的水文地质条件不同，地表水与地下水的水力联系的差异等自然因素，以及人类活动对水化学组分的影响都可能导致模型计算的水化学成分与实测值的差异。

表5-1　三江平原地表水与地下水相互作用关系的水化学混合模拟对比分析

样品编号	Ca^{2+}	Mg^{2+}	Na^+	K^+	HCO_3^-	SO_4^{2-}	Cl^-	SDE*
SHJ02	24.12	6.76	14.90	1.07	103.40	25.82	14.82	§
	21.84	5.35	10.81	1.17	70.78	23.06	11.34	†
RE	−0.10	−0.26	−0.38	0.09	−0.46	−0.12	−0.31	12.58
SHJ04	84.34	24.63	23.11	5.53	242.90	8.34	74.50	§
	26.25	6.08	11.04	1.17	81.15	25.46	13.47	†
RE	−2.21	−3.05	−1.09	−3.72	−1.99	0.67	−4.53	69.76
SHJ09	20.67	4.97	9.31	0.73	112.40	12.82	4.99	§
	23.04	8.51	15.86	0.39	105.60	13.93	15.24	†
RE	0.10	0.42	0.41	−0.87	−0.06	0.08	0.67	5.53
SHJ20	28.00	10.43	14.51	0.21	197.00	3.68	1.78	§
	12.42	3.04	5.75	—	42.71	11.05	5.32	†
RE	−1.25	−2.43	−1.52	—	−3.61	0.67	0.66	58.85

注：SDE*表示误差的标准差；§表示模型计算的各离子含量；†表示实测的水样中的各离子含量。

松花江桦川县处的江水 SHJ02 计算的水化学成分除 K^+ 外，其他离子含量都比实测值高。计算的 HCO_3^- 含量与实测值的相对误差最高，相对误差是实测值的 46%，这可能由于 CO_2 的分压 $p_{CO_2}=10^{-2.0}$ atm 有关。富锦市的松花江水 SHJ04 计算的主要离子含量除 SO_4^{2-} 外，都比实测值高。计算的 Cl^- 含量与实测值的相对误差是实测值的 4.5 倍。这主要是由于此处浅层地下水样 SHJ05 的离子含量很高，从而导致模型计算的混合后江水的水化学成分含量较高。地下水在运移过程中会有离子的吸附、交换等过程，影响混合后水体的离子含量。

在松花江与黑龙江汇合处，浅层地下水样 SHJ09 接受松花江水和黑龙江水的补给。利用软件模拟的浅层地下水中的主要离子含量与实测数值接近。此外，K^+ 的相对误差是实测值的 87%，其他离子含量与实测值较接近。在乌苏里江饶河县处，江水样 SHJ20 接受浅层地下水的补给。计算的江水中的主要离子除 SO_4^{2-} 和 Cl^- 外，其他离子含量都比实测值高。HCO_3^- 的相对误差是实测值的 3.6 倍，这也可能与 CO_2 分压有关。

在松嫩平原分别沿嫩江—松花江和松花江干流吉林江段，分析了在地表水与地下水的相互作用下的水化学成分（表 5-2）。根据 PHREEQC 所计算的混合后的水化学成分与实测值，误差的标准差最小的是松花江干流吉林江段在舒兰市溪河镇黄茂村处的江水样 ES15。软件计算的主要离子含量与实测值很接近，误差的标准差为 2.83。在哈尔滨处的松花江江水样 SN01 接受浅层地下水和上游江水的补给，软件所计算的水中的主要离子含量与实测值的误差的标准差为 12.99。蛟河市松花镇爱林村深层地下水样 ES25 接受松花湖水和浅层地下水的补给，模型计算的水化学成分与实测值的误差的标准差为 18.75。在扶余市陶赖昭镇乌金屯的松花江干流吉林江段江水样 ES07 接受浅层地下水和上游江水的补给，所计算的主要离子含量与实测值的误差的标准差为 23.74。在长春市双阳区山河镇的深层地下水样 ES51 接受饮马河河水和浅层地下水的补给，所计算的水化学成分与实测水中的主要离子含量的误差的标准差是 31.96。在靖宇县松江村的深层地下水样 ES41 接受江水和浅层地下水的补给，模型计算的水中的主要离子含量与实测值的误差的标准差的数值最高，为 35.47，表明模型在此处的模拟效果与实际有着较大的差别。

松花江干流在哈尔滨处运用 PHREEQC 所计算的水化学成分与实测值较接近。江水中的 HCO_3^- 含量的相对误差是实测值的 74%，Cl^- 的相对误差是实测值的 33%，其他离子的相对误差是实测值的 3%～6%。HCO_3^- 含量的实测值偏高，可能与软件设置的 CO_2 分压有关；而 Cl^- 含量的实测值较高，可能是由于水体在流经大城市的过程中受到人类活动的影响。松花江干流吉林江段江水样 ES07 计算的水化学成分中，除 K^+ 外，其他离子含量都比实测值高。Cl^- 相对误差是实测值的 2.4 倍，Ca^{2+} 和 Mg^{2+} 的相对误差是实测值的1倍以上。这主要是由于浅层地下水的主要离子含量高,造成模型计算的混合后江水的离子含量比实测值高。松花江干流吉林江段江水样ES15的水化学成分模型计算数值与实测值接近。水化学成分的实测值与计算值的相对误差在28%以内。

在松花江干流吉林江段流域的中上游,深层地下水接受浅层地下水和江水的补给。深层地下水样ES25中的SO_4^{2-}和K^+含量的相对误差分别是实测值的2.03倍和1.19倍。这是因为浅层地下水中的相应离子含量较高,导致模型计算的水化学成分中的离子含量高。深层地下水样ES41和ES51的水化学成分混合模拟结果与实测离子含量有差异。深层地下水样ES41中的Mg^{2+}和Cl^-含量的相对误差较大,分别是实测值的2.4倍和1.4倍。深层地下水样ES52中的K^+、SO_4^{2-}和Na^+含量的相对误差分别是实测值的4.4倍、2.0倍和1.1倍。深层地下水由于流动路径长,水-岩相互作用导致混合模拟的水化学成分与实测值差异大。

表5-2　松嫩平原地表水与地下水的相互作用关系的水化学混合模拟对比分析

样品编号	Ca^{2+}	Mg^{2+}	Na^+	K^+	HCO_3^-	SO_4^{2-}	Cl^-	SDE*
SN01	22.03	5.45	10.15	3.25	75.57	16.26	24.37	§
	21.44	5.59	10.58	3.13	43.32	17.29	36.16	†
RE	−0.03	0.03	0.04	−0.04	−0.74	0.06	0.33	12.99
ES07	46.04	13.78	12.21	2.73	71.07	43.55	70.00	§
	21.21	5.10	9.86	3.27	44.54	33.62	20.56	†
RE	−1.17	−1.70	−0.24	0.16	−0.60	−0.30	−2.40	23.74
ES15	22.01	6.21	10.47	3.33	48.48	37.86	24.78	§
	22.04	4.86	9.19	3.00	43.93	34.10	20.56	†
RE	0.00	−0.28	−0.14	−0.11	−0.10	−0.11	−0.21	2.83
ES25	48.84	14.36	27.67	6.19	78.68	68.49	74.99	§
	41.83	11.45	14.86	2.83	67.73	22.58	75.16	†
RE	−0.17	−0.25	−0.86	−1.19	−0.16	−2.03	0.00	18.75
ES41	46.37	33.31	22.42	3.27	169.10	45.81	92.00	§
	28.97	9.79	28.27	2.23	98.85	36.02	38.29	†
RE	−0.60	−2.40	0.21	−0.47	−0.71	−0.27	−1.40	35.47
ES51	75.07	17.29	31.34	8.86	129.90	97.82	101.00	§
	53.20	8.82	15.08	1.64	110.40	32.66	60.27	†
RE	−0.41	−0.96	−1.08	−4.40	−0.18	−2.00	−0.68	31.96

注:SDE*表示误差的标准差;§表示模型计算的各离子含量;†表示实测的水样中的各离子含量。

5.5 本章小结

三江平原北部的含水岩组为第四系下更新统至全新统的松散沉积物，含水介质为砂、砂砾石。同江—富锦—友谊的连线以东地区，普遍覆盖5~20 m的亚黏土，地下水具微承压性。松嫩平原东部波状或岗状高平原区的大部分为黄土状亚黏土和亚黏土层覆盖，透水性差。对于北部的高平原，其上为砂砾石、砂及含黏土砂砾石所覆盖。中西部低平原的地势平，包气带岩性和透水性较好，地下水位埋藏浅。

三江平原地表水的δD和$\delta^{18}O$的拟合关系为$\delta D=5.7\delta^{18}O-21.9$。松嫩平原嫩江-松花江流域地表水的$\delta D$和$\delta^{18}O$的拟合关系为$\delta D=5.2\delta^{18}O-26.3$，松花江干流吉林江段流域地表水的氢氧同位素组成的拟合线为$\delta D=5.7\delta^{18}O-16.5$。三江平原地表水和地下水的水化学类型主要为$Ca^{2+}$-$Mg^{2+}$-$HCO_3^-$。三江平原地表水和地下水主要来源于岩石风化。在嫩江-松花江流域，水体主要向两个方向演化：在自然因素的主导下，从Ca^{2+}-Mg^{2+}-HCO_3^-类型演化为Na^+-HCO_3^-型；受人类活动的影响，水体从Ca^{2+}-Mg^{2+}-HCO_3^-类型演化为Ca^{2+}-Mg^{2+}-Cl^-型。松花江干流吉林江段流域水体的演化方向主要从长白山源区的Na^+-HCO_3^-型演化成Ca^{2+}-Mg^{2+}-HCO_3^-型；在人类活动的影响下，水化学类型向$Ca^{2+}(Mg^{2+})$-$Cl^-(SO_4^{2-})$演化。

运用端元法，结合氧稳定同位素和保守离子，定量计算了地表水与地下水的相互转换比例。在三江平原，松花江受江水和浅层地下水的补给，上游江水的补给比例占50%以上。在松花江和黑龙江汇合处，松花江和黑龙江江水补给浅层地下水，比例分别为88%和12%。乌苏里江江水接受浅层地下水的补给，比例为73%，上游江水占27%。在松嫩平原，浅层地下水对哈尔滨松花江水的补给占11%。在松花江干流吉林江段，深层地下水受江水和浅层地下水的补给，浅层地下水的补给比例占50%以上。下游平原区浅层地下水补给江水的补给比例占20%左右。

运用PHREEQC Interactive定量模拟了地表水与地下水相互作用下的水化学混合模拟。三江平原模拟的水化学成分的误差的标准差为5.53~69.76；松嫩平原模拟的水化学成分的误差的标准差为2.83~35.47。河流不同区域的水文地质条件不同，地下水流动路径，水-岩相互作用等自然因素，以及人类活动对水化学组分的影响都可能导致模型计算的水化学成分与实测值的差异。

第6章

地下水更新能力及地表水和地下水灌溉适宜性评价

松嫩-三江平原地下水开采量的增大，造成了部分地区地下水位的下降，甚至有些城市形成了地下水位漏斗。通过氚同位素和氟利昂CFCs相结合，估算地下水年龄和更新能力。分析典型地区地下水位的动态变化，是合理开采利用地下水资源的理论基础。进而分析地表水和地下水的灌溉水质，评价地表水和地下水的灌溉适宜性，为综合高效的水资源的可持续利用提供理论基础。

6.1 浅层地下水更新能力的估算

6.1.1 根据氚同位素估算地下水年龄

6.1.1.1 地表水及地下水的氚同位素含量

三江平原沿流向的地表水和地下水中的氚同位素含量如图6-1所示。在三江平原，江水和湖水中的氚同位素含量平均值分别为22.7 TU 和17.3 TU，浅层地下水和深层地下水的氚同位素平均含量分别为13.6 TU 和8.3 TU。地表水中的氚同位素含量高于地下水中的氚同位素含量。除松花江和黑龙江汇合处外，地表水中的氚同位素含量沿松花江减少。在松花江和黑龙江汇合处，松花江水中的氚同位素含量达30.2 TU；汇合前的黑龙江水中的氚同位素含量为28.4 TU。沿乌苏里江，地表水中的氚同位素含量的沿程变化不明显。松花江—黑龙江的江水氚同位素含量高于乌苏里江的江水。

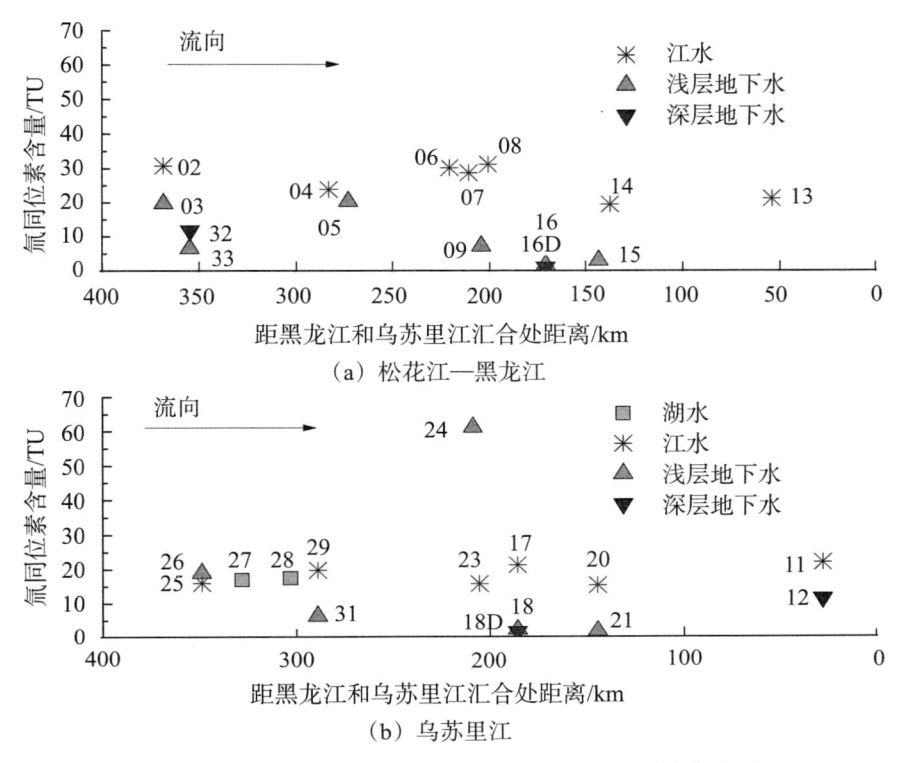

图6-1 三江平原沿流向的地表水和地下水中的氚同位素含量

浅层地下水的氚同位素含量沿松花江—黑龙江呈明显的降低趋势；在乌苏里江，除水样SHJ24（61.2 TU）外，浅层地下水的氚同位素含量呈明显的降低趋势。深层地下水的氚同位素含量与相近采样点的浅层地下水的氚同位素含量基本相同。浅层地下水样SHJ33（30 m）和深层地下水样SHJ32（80 m）位于双鸭山抚力屯，处于山麓地段，地下水的流通性好，深层地下水中的氚同位素含量与浅层地下水相近。深层地下水样SHJ12（100 m）的氚同位素含量是11.5 TU，位于东方第一哨，处于黑龙江和乌苏里江汇合处。此处的地下水位为32.32 m，而乌苏里江SHJ11江水水位为40 m（22.1 TU），表明江水可能补给地下水，从而造成深层地下水的氚同位素含量高。

三江平原地下水中的氚同位素含量与井深的关系如图6-2所示。随井深的增加，地下水中的氚同位素含量稍有减少的趋势。浅层地下水样SHJ24（井深23 m）位于虎林市小西山屯，其氚同位素含量最大，为61.2 TU，远高于附近虎头村的乌苏里江江水样SHJ23的氚同位素含量（15.8 TU），表明此处的水文地质结构可能比较特殊。

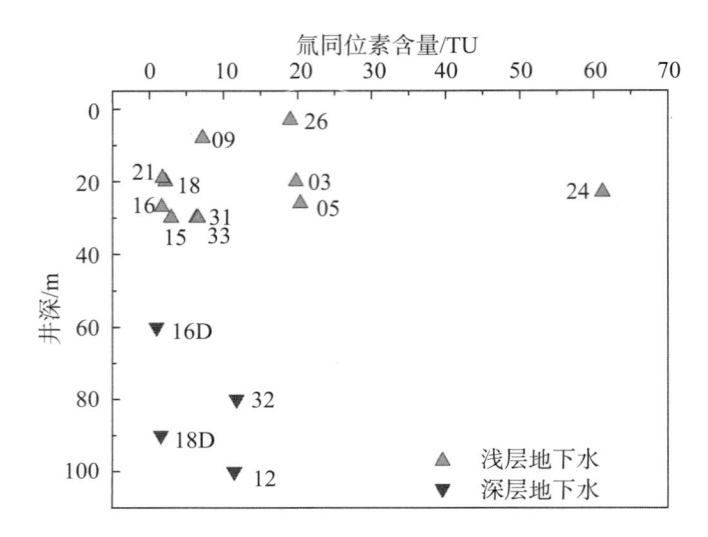

图 6-2　三江平原地下水中的氚同位素含量与井深的关系

从图 6-2 中可知，地下水水样中的氚同位素含量可以分为两部分，其中，4 个浅层地下水样 SHJ26、SHJ03、SHJ05 和 SHJ24 与 2 个深层地下水样 SHJ32 和 SHJ12 是一组，其氚同位素含量高于 10 TU，而另外一组的氚同位素含量低于 10 TU。江水和湖水的氚同位素含量为 10~35 TU，表明地下水的氚同位素含量高于 10 TU，其可能与地表水的联系紧密。深层地下水样 SHJ32 的氚同位素含量比相应的浅层地下水样 SHJ33 高，这可能是因为深层地下水与地表水的联系紧密，或者越流补给浅层地下水。

6.1.1.2　地下水的年龄估算

利用指数模型（EPM），即式（1-4）至式（1-6），根据氚同位素含量估算了地下水年龄。大气中的氚同位素含量利用全球大气降水同位素观测网络（GNIP）的哈尔滨站和长春站的数据重建。如果 GNIP 的观测序列不够，则利用加拿大渥太华站的观测数据进行线性回归后再重建（Boronina 等，2005；王凤生，1998）。利用氚同位素估算的三江平原浅层地下水年龄见表 6-1 所列。

将垂直入渗考虑为活塞流，根据井深和地下水年龄，可以计算出入渗速率。三江平原的垂直入渗速率范围为 0.07~0.63 m/a。水样 SHJ26 的垂直入渗速率最小，地下水年龄为 42 年，而井深仅为 3 m。水样 SHJ05 的垂直入渗速率最大，其井深为 26 m，地下水年龄为 41 年。三江平原中部的地下水流动速率小于山区。根据地表水和地下水年龄，也可以推测地表水和地下水的相互作用。根据氚同位素含量估算的地表水样 SHJ25 的年龄为 44 年，而附近地下水样 SHJ26 的年龄为 41 年，表明地下水排泄到河流。

表6-1　利用氚同位素估算的三江平原浅层地下水年龄

样品编号	经度/°	纬度/°	井深/m	高程/m	氚同位素年龄估算/a
SHJ03	46.989 8	130.753 7	20	87	41
SHJ05	47.227 6	131.948 9	26	67	41
SHJ09	47.680 2	132.587 2	8	58	48
SHJ15	48.001 1	133.274 3	30	57	50
SHJ16	47.581 1	133.124 8	27	49	51
SHJ18	47.056 9	133.258 0	20	65	50
SHJ21	46.790 0	134.024 1	19	50	51
SHJ24	46.002 5	133.634 5	23	64	39
SHJ26	45.537 8	131.971 9	3	114	42
SHJ31	46.335 3	132.251 8	30	86	49
SHJ33	46.753 3	131.133 5	30	97	49

6.1.2　根据CFCs估算地下水年龄

氟利昂的表观年龄基于水样和大气中的氟利昂含量进行分析（international atomic energy agency，2006）。对三江平原浅层地下水的CFCs进行了采样分析，由于采样时受到污染，或者离地表水太近时，CFC-11的分析结果不理想，故选用CFC-12和CFC-113进行分析。地下水中的CFC-12和CFC-113的含量与井深的关系如图6-3所示。CFC-12和CFC-113含量的平均值分别为0.53 pmol/kg和0.20 pmol/kg。水样SHJ05的CFC-12含量最高，为1.25 pmol/kg；其次为水样SHJ09，CFC-12的含量为1.17 pmol/kg。水样SHJ03的CFC-113含量最高，为0.71 pmol/kg，而水样SHJ09的CFC-113的含量次之，为0.44 pmol/kg。

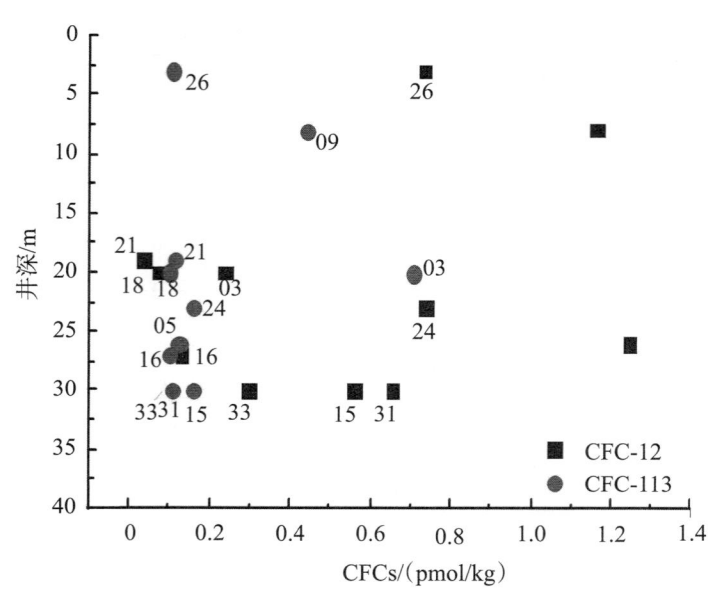

图6-3 地下水中的CFC-12和CFC-113的含量与井深的关系

分别运用CFC-11、CFC-12和CFC-113浓度，结合活塞流模型，估算了三江平原和松嫩平原浅层地下水年龄（表6-2）。三江平原有6个水样受到了污染，CFC-11的测定浓度不理想，根据CFC-11浓度计算的地下水年龄的可信度较低。根据CFC-12浓度和CFC-113浓度计算出了地下水年龄。从表6-2中可知，根据CFC-12浓度计算的地下水年龄最大，根据CFC-11浓度计算的地下水年龄次之，根据CFC-113浓度计算的地下水年龄最小。大气CFCs浓度中的CFC-12的浓度最高，测定的年限长（1940年以后），而CFC-11和CFC-113的浓度低，测定的年限比CFC-12短，故浅层地下水以CFC-12浓度计算的年龄作为推荐年龄（Han等，2012）。

三江平原浅层地下水的年龄为38.2~61.7年，年龄最大的是位于饶河县的浅层地下水样SHJ21，年龄最小的是位于富锦市大屯村的地下水样SHJ05。饶河县井深为19 m，埋深为2 m，井打至基岩。此处地下水位于完达山脚下的冲积平原，地下水力梯度很小，流速慢，地下水年龄大。位于平原中部的水样SHJ16和SHJ18的地下水年龄分别为55.2年和58.7年，平原中部的地下水力梯度小，地下水的流动速度慢，平均滞留时间长。地下水SHJ05和SHJ09分别位于松花江附近、松花江与黑龙江汇合处，地表水与地下水的水力联系紧密，地下水的流动速度快，平均滞留时间短。

由于松嫩平原是双层或多层含水层系统，含水层富水性的差异大，因此，松嫩平原浅层地下水年龄比三江平原大，分布范围为42.1~66.1年。年龄最大的是水样SN25和SN33，CFC-12的表观年龄都是66.1年，大于60年，补给时间在1940年前。位于二克浅镇的深层地下水样SN25（井深82 m），上面是尼尔基水库，水井打至基岩，地下水的流动速度慢。浅层地下水样SN33位于克山县罗家屯，地下水的平均滞留时间长。平原中部的浅层地下水样SN14（井深20 m）和SN02（井深25 m）的CFC-12表观年龄都大于60年，表明松嫩平原中部的地下水的流动速度慢。松嫩平原的地下水位高，流动速度慢，盐碱地面积大。

表6-2 根据CFCs浓度估算三江平原和松嫩平原的浅层地下水年龄

样品编号	浓度/(pmol/kg)			活塞流模型的补给日期[①]/a			活塞流模型的地下水年龄[①]/a		
	CFC-12	CFC-11	CFC-113	CFC-11	CFC-12	CFC-113	CFC-11	CFC-12	CFC-113
SHJ03	0.24	0.23	0.71	1 957.5	1 958.5	1 988.5	52.2	51.2	21.2
SHJ05	1.25	0.33	0.12	1 959.5	1 971.5	1 975.0	50.2	38.2	34.7
SHJ09	1.17	3 084.01	0.44	0	1 970.5	1 984.5	现代水[②]	39.2	25.2
SHJ15	0.56	203.27	0.16	污染	1 965.0	1 977.0	污染[③]	44.7	32.7
SHJ16	0.13	3.58	0.1	1 974.5	1 954.5	1 973.5	35.2	55.2	36.2
SHJ18	0.08	2.04	0.1	1 970.0	1 951.0	1 973.5	39.7	58.7	36.2
SHJ21	0.04	1.14	0.12	1 966.5	1 948.0	1 974.5	43.2	61.7	35.2
SHJ24	0.74	492.24	0.16	0	1 967.0	1 977.0	现代水	42.7	32.7
SHJ26	0.74	11.08	0.11	污染	1 967.0	1 974.0	污染	42.7	35.7
SHJ31	0.66	16.59	0.11	污染	1 966.0	1 974.0	污染	43.7	35.7
SHJ33	0.3	16.8	0.11	污染	1 960.5	1 974.0	污染	49.2	35.7
SN02	0.04	0.22	0.05	1 958.0	1 949.0	1 970.0	52.6	61.6	40.6
SN07	0.29	1	0.05	1 966.5	1 961.0	1 970.0	44.1	49.6	40.6
SN10	0.54	0.44	0.05	1 962.0	1 965.5	1 970.5	48.6	45.1	40.1
SN14	0.02	1.4	0.05	1 968.5	1 946.0	1 969.5	42.1	64.6	41.1
SN16	0.76	1.96	0.05	1 971.0	1 968.5	1970.0	39.6	42.1	40.6
SN19	0.26	0.47	0.05	1 962.0	1 960.5	1 970.0	48.1	50.1	40.6
SN25	0.01	0.06	0.05	1 953.5	1 944.5	1 969.5	57.1	66.1	41.1
SN33	0.01	1.59	0.05	1 969.5	1 944.5	1 969.5	41.1	66.1	41.1
SN34	0.25	0.56	0.05	1 963.0	1 960.0	1 969.5	47.1	50.6	41.1
SN40	0.61	1.26	0.05	1 968.0	1 966.5	1 969.5	42.6	44.1	41.1
SN42	0.39	1.02	0.06	1 966.5	1 963.5	1 971.0	44.1	47.1	39.6

注：①由美国地质调查局(USGS)发布的软件计算(http://water.usgs.gov/lab/software/USGS_CFC/)；
②现代水是地下水中的CFCs含量在现代的大气中的CFCs含量范围内；
③污染是指地下水中的CFCs含量超出大气中的CFCs含量，表明在采样或运输过程中，水样密封性被破坏，水样受到污染。

6.1.3　氚同位素与CFCs的地下水年龄对比

对于三江平原，既分析了浅层地下水中的氚同位素含量，也测定了地下水中的CFCs浓度，并利用氚同位素和CFCs浓度估算了地下水年龄。由于大气中的氚同位素含量减小，利用氚同位素估算地下水年龄的可信度降低。在采样的过程中，氚同位素分析几乎不受采样设施和采样水源的影响，而CFCs有时会受到这些因素的影响。因此，利用CFCs估算的地下水年龄范围大于氚同位素估算的年龄（Szabo等，1996）。根据氚同位素和CFCs估算的地下水年龄的对比见表6-3所列，列出SiO_2的含量，将其作为对比分析的参考依据（Gattacceca等，2009；Morgenstern等，2010）。

从表6-3可以看出，对于大部分浅层地下水水样，根据CFCs浓度计算的地下水年龄比根据氚同位素估算的地下水年龄大。而对于CFC-12浓度较高的水样SHJ05和SHJ09，根据氚同位素估算的地下水年龄大于CFC-12的表观年龄。地下水水样SHJ21的CFC-12的表观年龄最大，根据氚同位素估算的年龄也最大。CFC-12的表观年龄最小的是地下水水样SHJ05，根据氚同位素估算的年龄也最小。利用氚同位素含量和CFCs浓度估算的地下水年龄，虽然CFCs的表观年龄一般大于根据氚同位素估算的年龄，但两者估算的年龄极值趋势相同。

表6-3　根据浅层地下水的氚同位素和CFCs浓度估算年龄的对比

样品编号	SiO_2含量/(mg/L)	氚同位素含量/TU	CFC-12浓度/(pmol/kg)	氚同位素年龄/a	CFC-12表观年龄/a
SHJ03	19.28	19.8±1.8	0.24	41±4	51.2
SHJ05	29.61	20.4±1.7	1.25	41±4	38.2
SHJ09	27.3	7.2±1.5	1.17	48±4	39.2
SHJ15	48.04	3.0±1.3	0.56	50±4	44.7
SHJ16	48.00	1.7±1.1	0.13	51±4	55.2
SHJ18	26.57	2.2±1.3	0.08	50±4	58.7
SHJ21	57.08	1.8±1.1	0.04	51±4	61.7
SHJ24	23.09	61.2±4.5	0.74	39±10	42.7
SHJ26	19.44	19.0±1.6	0.74	42±4	42.7
SHJ31	32.84	6.4±1.4	0.66	49±4	43.7
SHJ33	32.65	6.6±2.3	0.30	49±8	49.2

三江平原浅层地下水中的SiO_2的含量范围为19.28～57.08 mg/L。一般来说，地下水中的SiO_2的含量与氚同位素含量具有相关性，氚同位素含量低的地下水中的SiO_2含

量高，即年龄大的地下水中的SiO_2的含量高（Morgenstern 等，2010）。地下水中的SiO_2含量与CFC-12表观年龄和氚同位素含量的关系如图6-4所示。随着地下水年龄的增加，地下水中的SiO_2的含量呈增加趋势。三江平原浅层地下水的CFC-12表观年龄与SiO_2含量的线性回归关系为$y=0.31x+37.84$（$R^2=0.151$，$n=11$）。地下水中的SiO_2的含量随氚同位素含量的减少而增加，呈负相关关系。同样是随地下水年龄的增加，水中SiO_2的含量增加。氚同位素含量与SiO_2含量的线性回归关系是$y=-0.73x+37.79$（$R^2=0.199$，$n=11$）。运用氚同位素含量和CFCs浓度估算的浅层地下水年龄的数值在总体上接近。在实际采样和测试中存在的误差，导致根据CFCs估算的地下水年龄大于根据氚同位素估算的年龄。

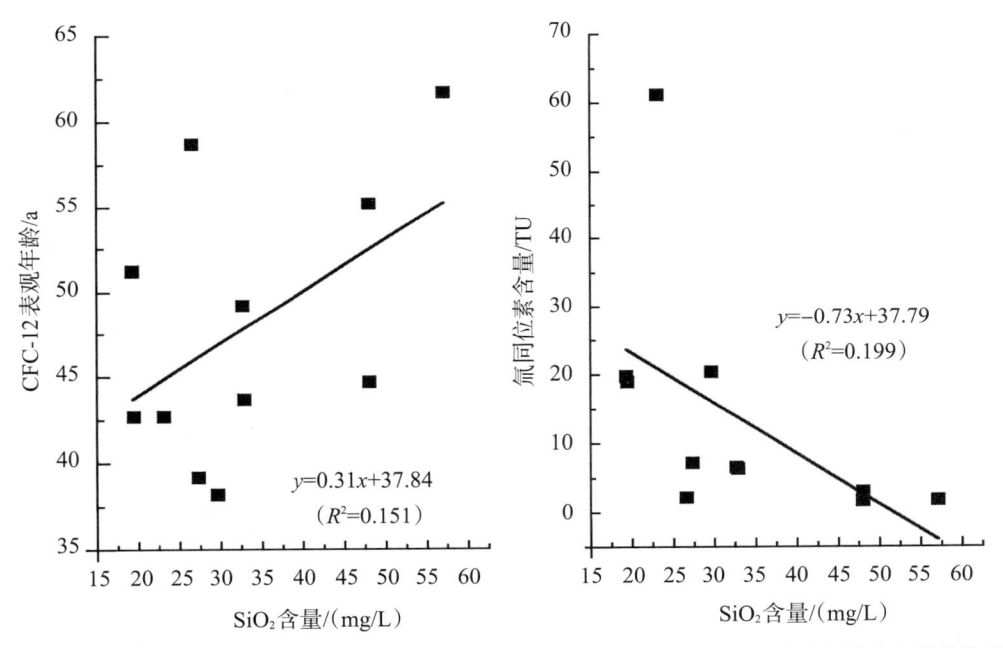

（a）地下水中的SiO_2含量和CFC-12表观年龄的关系　（b）地下水中的SiO_2含量与氚同位素含量的关系

图6-4　地下水中的SiO_2含量与CFC-12表观年龄和氚同位素含量的关系

6.1.4　浅层地下水更新能力

一方面，如今大气降水中的氚同位素含量较低，运用氚同位素估算的地下水年龄的可信度降低，而测定地下水年龄的CFCs技术和方法成熟可靠。另一方面，因松嫩平原无氚同位素含量的测定结果，只有根据CFCs浓度估算地下水年龄。为便于对比分析三江平原和松嫩平原，现根据CFCs浓度计算的地下水年龄，即根据CFC-12的表观年龄进行插值分析。在ArcGIS中插值的方法较多，松嫩–三江平原的浅层地下水的采样点少，依据采样情况和插值原理，选用反距离加权法（IDW）进行插值分析（严立文等，2010）。

在松花江下游和黑龙江汇合处的地下水年龄最小。三江平原地下水的流向总体是完达山从西南到东北，完达山南部的流向也是从西南至东北，在乌苏里江汇入。在水样SHJ05所处位置（地下水CFC-12年龄为38年），地下水除受松花江江水影响外，还接受来自松花江左岸的地下水补给，地下水流动性强，相应的平均滞留时间短。在松花江与黑龙江汇合处，江水流量增大，地下水样SHJ09（地下水CFC-12年龄为39年）与江水的水力联系紧密。平原中部的地下水流动慢，并且受到黏土层以及残丘等地形地貌的影响，地下水的平均滞留时间长，年龄较大。位于完达山东部的水样SHJ21（地下水CFC-12年龄为62年），地下水的流动速度最慢，可能仅受完达山区地下水的影响，南部穆棱-兴凯平原的地下水已经排泄到乌苏里江，此处地下水相当于停滞状态，平均滞留时间长，地下水年龄大。

松嫩平原是双层或多层含水层，水文地质条件复杂，且西部和北部都向平原中部汇水。由于采样点多集中于平原区，流域周边的地下水年龄插值的可信度低。松嫩平原地下水的年龄在空间上分布区域化，其连通性比三江平原差。在嫩江上游的水样SN25（地下水CFC-12年龄为66年），可能是由于嫩江上游的尼尔基水库阻断或减弱了水库下面的地表水与地下水的水力联系，导致地下水的流动性减小，地下水的更新时间增长。在平原中部，根据地下水年龄，分析可能存在地下漏斗。在大庆和齐齐哈尔之间的地下水（SN14）的年龄为64年，高于附近的地下水年龄。这可能是因为大庆和齐齐哈尔两大城市抽取大量的地下水，造成此处的地下水流动缓慢，与附近的水力联系减弱，滞留时间增加。在哈尔滨附近的水样SN02的地下水CFC-12年龄为62年，也高于附近的地下水年龄。这可能是因为工农业生产、生活抽取地下水，在附近形成了地下水漏斗，此处的地下水更新时间增加。

6.2 典型地下水位的动态变化

随着经济增长和社会发展，三江平原和松嫩平原地区对地下水的开采和利用量逐年增加。而且，黑龙江垦区作为重要的粮食产区，近年来的耕地面积和灌溉面积增加迅速。在前又分析了地表水和地下水的相互关系，在地下水的更新能力的基础上，选择三江平原和松嫩平原的典型农场和地区，阐述地下水位的长期观测变化，探讨地下水资源对粮食增产的贡献以及合理开发利用地下水的方式。

6.2.1 三江平原典型地下水位的变化

三江平原的地下水资源比较丰富，平原区多年平均补给量为 51.23×10^8 m³/a，按设计降深 5 m 的开采条件，可得激发补给量为 27.37×10^8 m³/a，可开采量为 49.56×10^8 m³/a（何琏，2000）。选择3个典型农场的长观井分析地下水位的变化（表6-4）。

表6-4 典型农场地下水开采对比

农场	友谊农场	850农场	创业农场
地下水类型	混合区	潜水区	弱承压区
年平均降水/mm	504.7	567.4	559.3
平均埋深/m	5.0	5.26	10.05
开采强度井灌稻/平原区面积比	0.18	0.55	0.48
年恢复埋深降/m（1997—2008）	0.05	1.22	7.13
年降率/(m·a^{-1})	0.004	0.102	0.594
年恢复埋深/m（2008）	5.28	5.42	12.8
临界水位/m	10	6	15
年恢复埋深至临界埋深差/m	4.86	0.58	2.2
可能雨养水稻比	0.41	0.62	0.59
现水稻与可能雨养水稻比/%	44	93	81
评价	未超采，有开采潜力	呈平衡，开采潜力不大	监控，防止超采

注：数据来自闫学义、姚丽娟、仲崇合等人的研究。

850农场位于三江平原完达山南麓，兴穆平原潜水区。三江平原850农场长观井的地下水位变化如图6-5所示。自20世纪90年代开始，农场大量打井种稻，每年4月中旬后开始抽水育秧、泡田、平地灌溉，又加上4—7月期间的一般降水少，而地下水位呈下降状态，进入8月后，水稻灌溉减少，且步入雨季，补给加大，又使地下水位上升。由于1997年的水田面积尚少，使补给大于开采，从而使11月的地下水位高于4月的地下水位。此外，由于封冻垂直补给中止，按地下水力坡度规律形成水横向流动，向区外排水，地下水位呈下降趋势，直至翌年4月中旬。进入翌年4月末，又开始新的一年抽水灌溉，从而形成开采下降—补给上升—排泄下降3阶段，周而复始变化。

进入2000年后，850农场的水田面积急增，2001年的地下水位动态曲线基本分为

4—7月下降、7月至翌年3—4月上升两个阶段,且地下水位呈明显下降趋势,呈开采大于补给状态,地下水位比1997年降低0.85 m。此后,由于水田面积趋于稳定和地下水位下降,增加横向补给坡度与补给量。同时农场加强区内的深沟拦蓄,云山水库灌区又采取低水位运行,增加地下水补给,使每年恢复地下水位,从而地下水位没有降低很多,徘徊于74.50 m以上,尤其是截至2005年,恢复地下水位(翌年4月)至75.73 m,比水文年初4月的地下水位高出0.12 m。可见850农场井灌稻稳定在1 167×10^4 hm²,基本可实现地下水的采补平衡(姚丽娟,2008)。850农场的地下水资源的开采潜力不大。

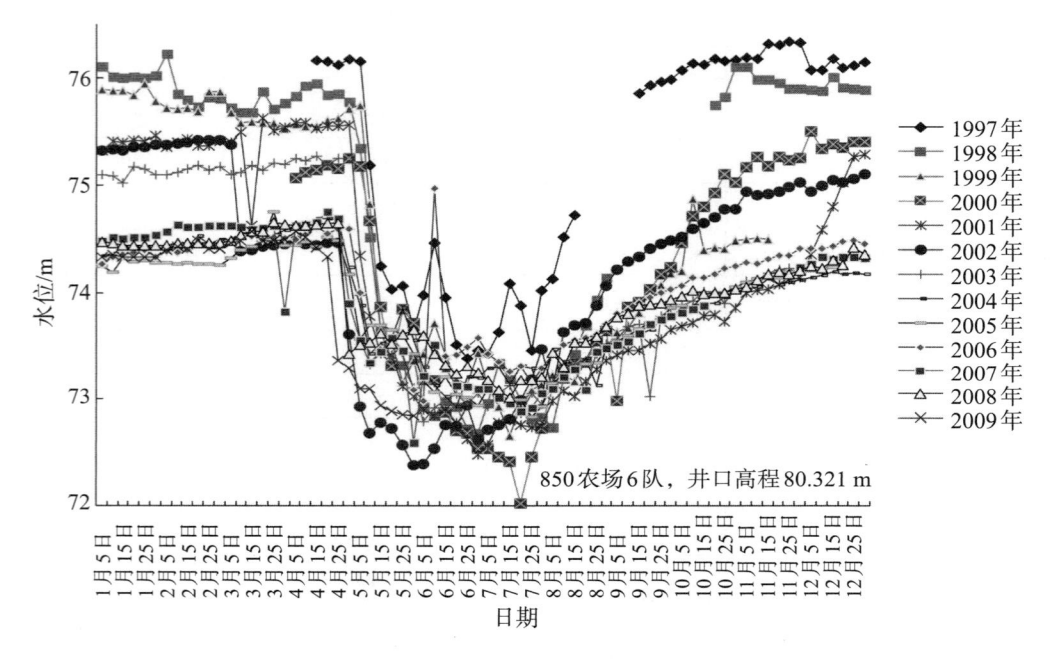

图6-5 三江平原850农场长观井的地下水位变化

创业农场位于建三江地区腹部,是发展井灌稻最快、比例最大的农场之一,其长观井的地下水位变化如图6-6所示。20世纪90年代后,农场开始打井种稻,截至1997年,平均地下水埋深降为614 m,降低近3 m。4月后,地下水水位由于开采而下降,至7月为最低,8—12月补给上升,1—4月又下降,补给仍大于开采。因此,形成开采下降(4—7月)、补给上升(7—12月)、排泄下降(12月至翌年4月)3个阶段。

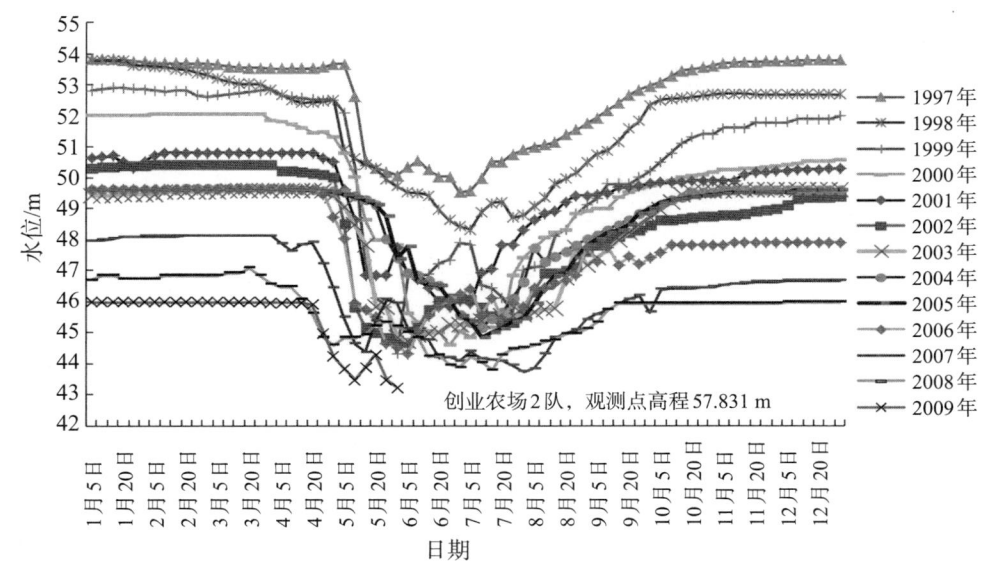

图6-6 三江平原创业农场长观井的地下水位变化

创业农场2001年由于水田急骤发展，地下水位曲线仅为两个阶段，即4—7月开采下降，7月至翌年4月漫长补给上升，且翌年的地下水位难于回升至水文年初4月的地下水位（2001年下降0.69 m），明显呈采大于补的状态。但2001年后，随着水田面积的稳定（2.5×10^4 hm^2）和地下水位的下降，增强了以江河为主的激发补给。而2005年由于水田面积又有发展（增至3.1×10^4 hm^2），使地下水位又有新下降（0.26 m）。2006年，水田面积虽没有发展，但受周边农场大量发展水田（分局增加8.67×10^4 hm^2）的影响，使2006年后的地下水位持续降低（姚丽娟，2008）。创业农场的地下水位已降低至10 m以下，且还在继续下降，虽有多年平均降水559.3 mm，周边又有大江、大河的大量过境水，但由于地表有约15 m厚的黏性土覆盖，离江河较远，且补给有限，难以断定地下水还需再降多少（估计15～20 m埋深）才能实现新的采补平衡。

友谊农场位于三江平原腹地，总面积为1 888 km^2，耕地面积为91 910 hm^2，号称世界第一大农场，其长观井的地下水位变化如图6-7所示。友谊农场的多年平均降水量为504.7 mm，当地径流资源为1.071×10^8 m^3，地下水资源为1.823×10^8 m^3，过境水资源为1.076×10^8 m^3（按50%计）。友谊农场地下水是潜水区弱承压区过渡的混合区，第四纪孔隙水含水层的厚度为80～200 m，受历史形成原因，岩性、砂、砂砾、颗粒较细，给水度偏小（0.07～0.10），表层黏性土覆盖0～6 m。地下水补给以垂直补给为主，激发补给条件较差。

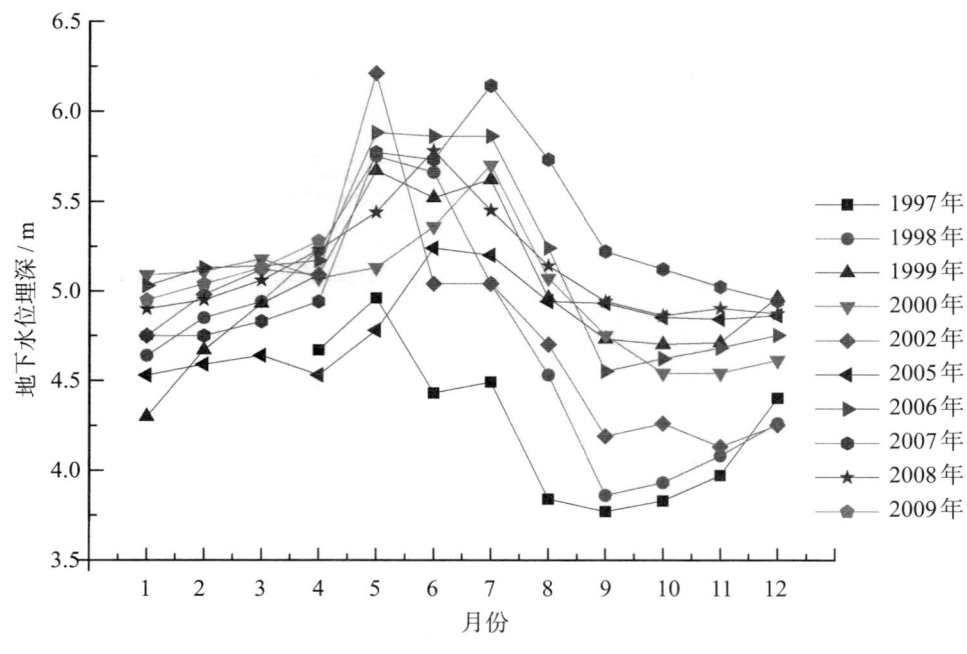

图6-7 三江平原友谊农场长观井的地下水位变化

从友谊农场历年地下水位的动态变化（图6-7）分析，地下水开采量是从1997—2000年的平均值$0.696×10^8$ m³至2005—2008年的平均值$0.925×10^8$ m³，最大达$1.487×10^8$ m³。1997—2000年的补采比为2.08，2005—2008年的补采比为1.25，每年均是补大于采。对于地下水年恢复水位，2007年与1997年持平，2008年仅比1997年降低0.05 m，平均降率为0.004 m/a。友谊农场的多年平均降水量为504.7 mm，按水稻年需水$E_水$= 640 mm，旱作$E_水$= 420 mm，土地利用率η= 0.6，耕地与非耕地耗水比k= 0.7，若能实现降水资源的多年调节，可发展水稻比41%（水田/土地面积）。友谊农场地下水资源可能发展井灌稻$4.0×10^4$ hm² 以上（仲崇合等，2010），其地下水资源的开采潜力大。

随着三江平原井灌稻面积的增加，地下水位有降低的趋势，但距提出的潜水区允许埋深6～10 m、弱承压区15～20 m、混合区10～15 m（全区亦可为10～15 m）尚有一定距离。三江平原不仅有大量的垂直补给条件，而且还有大量的横向补给条件（尤其沿江河地区）。三江平原可成当今和将来生产商品粮豆最大贡献者，可实现以"沟—井—闸"为主、以"闸站沟渠管洞"为辅的"排降蓄灌"生态水利建设，可建设具有巨大抗灾防害和多年调节的地下水库，实现三江平原水资源的合理利用和优化配置（闫学义等，2010）。三江平原地下水的补给条件较好，其地下水资源的开采潜力大。

6.2.2 松嫩平原典型地下水位的变化

由松嫩平原地下水资源开发利用引起的环境效应主要有地下水位下降、湿地退化和土地沙漠化加剧等环境问题。特别是由地下水开采量的增加引起的地下水位下降，已经从局部发展成区域性。调查显示，除河谷区外，20多年来，松嫩平原的潜水水位普遍下降了 2～5 m，第四系承压水水位的局部下降严重，一些城市的集中开采区形成了较大的地下水位下降漏斗。松嫩平原东部高平原的潜水含水层分布不连续，平均下降 1～3 m；对于中部低平原区，一般下降幅度为 0.5～5 m；西部山前倾斜平原区的地下水资源丰富，农业用水开采量大，地下水位的下降幅度也较大，一般为 2～7 m。

为了控制地下水位的持续下降趋势，如哈尔滨、大庆等地都采取了限制开采地下水的措施，有效地控制了地下水位下降漏斗的继续扩大；有的城市引入区外水源，如长春市的"引松入长"，减少了本地区的地下水开采量，缓解了地下水的开采压力，使地下水位的下降速率明显减缓，停采的水源地的水位逐渐得到恢复（赵海卿等，2009）。选择了位于松嫩平原的哈尔滨市、大庆市、齐齐哈尔市、长春市及松原市等城市的集中开采区形成的地下水位漏斗，分析地下水位的变化和水资源的开发利用。

哈尔滨市漏斗中心的水位变化如图 6-8 所示。哈尔滨第四系承压水水位降落漏斗的分布范围为东北接近阿什河、西南接近运粮河、西北至松花江边、东南到万家窝棚及黎明村附近。20世纪70年代，哈尔滨市的地下水位开始下降，1980—1982年，形成了 5 个小型地下水位下降漏斗，总面积达 100 km^2 左右。1985年，5 个漏斗互相扩展连成一个以重型机械厂为中心（TC 1188）的水位下降漏斗，面积扩大到 160 km^2。1987年，水位出现大幅度下降，漏斗中心下降速率达 0.8～1.7 m/a，漏斗面积约为 200 km^2，并以 0.5～0.75 km/a 的速度向南和西南扩展。1990年，漏斗面积扩大到 260 km^2，漏斗中心水位累计下降 27.3 m，水位下降速率为 0.74 m/a。2005年，枯水期的地下水水位漏斗面积达 380 km^2，漏斗中心菅草岭（TC 1209）的水位埋深为 54.42 m，水位标高为 107.49 m（赵海卿等，2009）。

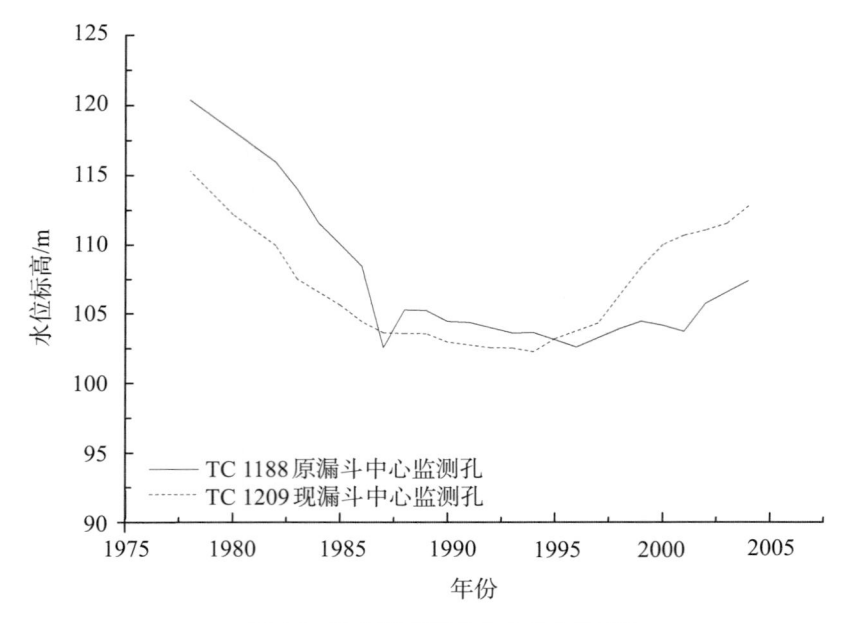

图6-8 哈尔滨市漏斗中心的水位变化

为控制地下水位下降，自1991年，哈尔滨开始控制地下水开采量。因此，水位下降速率开始变缓，漏斗中心及其以北地段的地下水位由缓慢下降转变为缓慢上升。漏斗中心以南地区的水位虽继续下降，但下降速率明显变缓，下降速率由1991年的0.66 m/a下降到2000年的0.22 m/a，1995年，漏斗面积发展到300 km²。在这期间，哈尔滨市区的地下水开采量由1991年的$1.86×10^8$ m³减少到1995年的$1.35×10^8$ m³。由于地下水获得了北侧松花江的补给，原重型机械厂漏斗中心水位在1996—2005年期间回升了11.52 m，但仍低于松花江水位5 m多。

大庆市大规模地开采地下水是从1960年开始的，随着石油工业的发展，地下水开采量逐年增加。由于地下水处于长期超量开采状态，在大庆市长恒东西两侧形成了两个第四系承压水水位下降漏斗。大庆第四系承压水漏斗中心水位埋深与开采量如图6-9所示。在20世纪60年代以前，水位埋深多小于5 m，仅局部地区的水位埋深为5～10 m。1972年，漏斗中心水位埋深为19.62 m，水位下降了9～14 m，开始形成地下水位下降漏斗。1976年，漏斗中心水位埋深达29.50 m，漏斗面积发展到2 500 km²，漏斗中心水位比1972年下降了9.88 m。到1986年，开采量达到$2.0×10^8$ m³，漏斗中心水位埋深达到34.24 m；1986—1988年，地下水开采量略有减少，漏斗中心水位埋深回至33.28 m；1992年，地下水开采量增至$2.4×10^8$ m³，漏斗中心水位埋深达到36.9 m，水位累计下降约30 m；到1993年，地下水开采量达$2.42×10^8$ m³，漏斗面积达到4 500 km²。

从20世纪90年代中期开始，大庆市开始控制开采地下水，地下水开采量逐渐降低。1997年，地下水开采量减至 2.19×10^8 m³，漏斗面积减到 4 000 km²，但漏斗中心水位埋深仍在下降。2001年，漏斗中心水位埋深下降到41.7 m以后，水位趋于稳定，且有所回升。2004年，地下水开采量已减少到 1.086×10^8 m³。2005年，漏斗中心水位埋深回至37.19 m，漏斗面积约为3 600 km²。

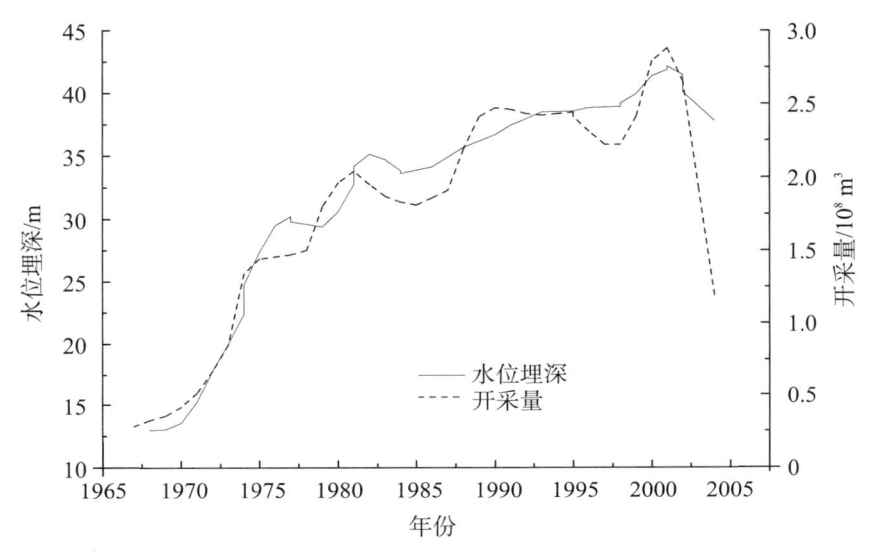

图6-9　大庆第四系承压水漏斗中心水位埋深与开采量

齐齐哈尔第四系承压水漏斗中心水位标高与漏斗面积如图6-10所示。齐齐哈尔北市区第四系承压水漏斗形成于1988年，初期面积仅有2.78 km²，漏斗中心水位埋深为5.32 m，比1972年下降了1.59 m。之后，随着地下水开采量的增加，漏斗面积不断扩大，到1995年，面积达到14.38 km²。从水位下降幅度上看，1990年的下降幅度最大，当年下降了0.95 m，此后，地下水位总体呈上下波动的缓慢下降趋势。截至2000年，漏斗面积约为102.5 km²，漏斗中心位于龙沙水厂。此后几年，加大了地表水供水量，且工业用水量减少，漏斗中心水位没有大幅度下降。2004年，漏斗中心水位埋深为6.79 m，与1990年相比，仅下降0.29 m，漏斗面积约为92.0 km²（赵海卿等，2009）。

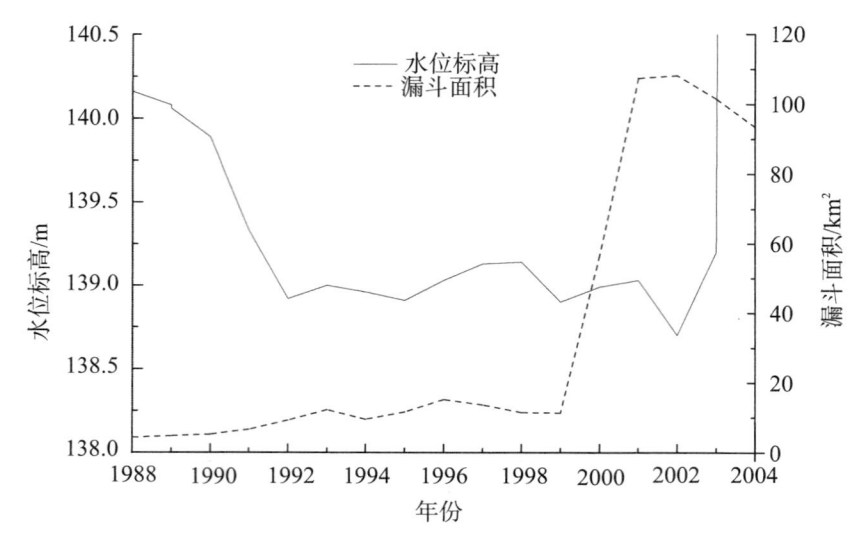

图6-10 齐齐哈尔第四系承压水漏斗中心水位标高与漏斗面积

长春市是一座严重缺水的城市，其地下水资源贫乏。长春市铁北集中开采层为第四系砂砾石孔隙潜水。该区的地下水自20世纪30年代开始开采，70年代后期，地下水位出现下降，截至1980年，漏斗中心水位埋深为26.8 m，漏斗面积达4.9 km²。1980—1984年，漏斗面积扩大到12.5 km²；1985年，漏斗中心水位埋深为21.56 m，漏斗面积达7.9 km²。1986—1990年，地下水超采严重，截至1990年，漏斗面积发展到21.45 km²，漏斗中心最大埋深达24.17 m，地下水位平均每年下降0.6 m。1991—1995年间，地下水开采量减少到$1.19×10^4$ m³/d，漏斗面积缩小到18.2 km²；1996—2000年，日均开采量为$1.12×10^4$ m³，漏斗面积为16.60 km²（赵海卿等，2009）。2000年，长春市采取"引松入长"措施后，减少了地下水开采量。

松原市新村水源地与二龙水源地的开采层是大安组承压水，主要用于城市生活供水，地下水位下降漏斗分布在松原市北部。新村水源地于1988年开始建设，1994年，漏斗中心水位埋深达到22.88 m，面积为51.5 km²。二龙水源地自1987年开始陆续建井，1994年，漏斗中心水位埋深达到25.62 m，边缘水位埋深达13.7 m，该漏斗仍在发展。目前，松原市和吉林油田的大安组承压水开采区的水位下降漏斗已扩展到附近的广大地区，形成由多个局部漏斗组成的复合型区域性地下水位下降漏斗，总面积已超过1 000 km²。

6.3 地表水及地下水的灌溉水质评价

地表水与地下水的相互作用不仅影响水体的相互转换和水量，也影响着水体中的化学成分和水质。如何评价用于农业灌溉的地表水和地下水，是水资源管理和利用的重要方面之一。根据水化学分析结果，结合现场测试的电导率，评价了三江平原和松嫩平原的地表水和地下水的灌溉水质（Zhang等，2012）。依据采样时间和流域，将松嫩平原分为嫩江—松花江和松花江干流吉林江段两个流域分别进行评价。三江平原完达山南北的采样时间一致，对所有采样点进行了分析评价。

6.3.1 三江平原的灌溉水质评价

利用美国农业灌溉水质评价，得出了三江平原地表水和地下水的水质分类图（Richards，1954），如图6-11所示。从图6-11（a）中可以看出，三江平原的水质较好，水质主要受电导率控制，钠离子吸附比（SAR）低于1。总体上，地表水的水质好于地下水，浅层地下水的水质比深层地下水的水质较差。根据灌溉水质分类图可知，三江平原利用地表水和地下水灌溉，不会对土壤造成危害，对土壤盐碱化的潜在危害很小。

利用钠离子百分比（Na%）与电导率（EC）关系图，分析地表水和地下水的灌溉适宜性（Wilcox，1955）。从图6-11中可知，三江平原各水体都很好地适宜于农业灌溉。仅有一水样SHJ05的电导率较高。在考察时，发现此井深为26 m的民用井的水体较浑浊，水中含有大量悬浮泥沙。该水井位于生活聚集区，可能受到人类活动的影响。总而言之，三江平原的地表水和地下水由于离子含量不高，对土壤和作物的潜在危害小，水质较好，很适宜于农业灌溉。

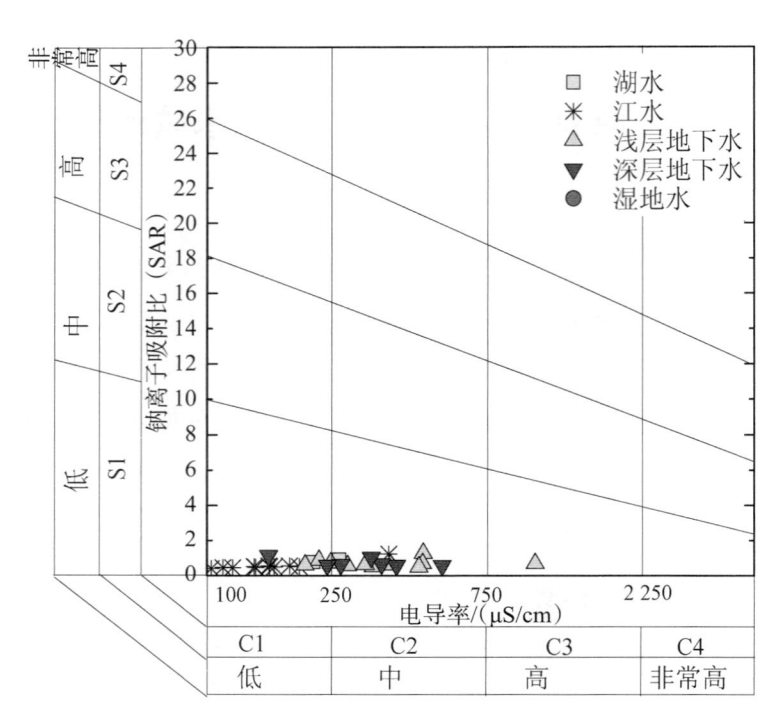

(a) 钠离子百分比

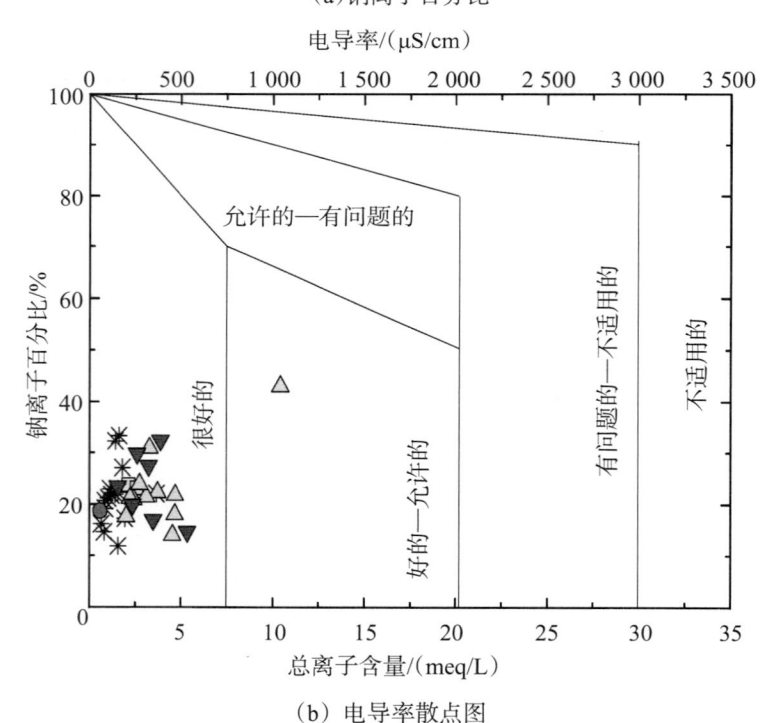

(b) 电导率散点图

图6-11 三江平原灌溉水质分类图

6.3.2　松嫩平原的灌溉水质评价

利用美国农业灌溉水质分类图、钠离子百分比与电导率关系评价了松嫩平原的嫩江-松花江流域的地表水与地下水的灌溉适宜性，如图6-12所示。江水、水库水和湖水位于C1-S1，7个深层地下水样和8个浅层地下水样位于C2-S1，6个浅层地下水样和1个深层地下水样位于C3-S1。深层地下水样SN39位于C2-S4，表明其有高的潜在钠害危害性。湖水样SN15、SN37位于C4-S4，表明其盐害和钠害的危害性很高。大安碱地生态试验站的浅层地下水样SN11位于C4-S3，具有很高的盐害和高的钠害危害性。浅层地下水样SN36和稻田水样位于C3-S2，具有高的盐害和中等钠害危害性。

根据钠离子百分比和电导率关系，将地表水和地下水的灌溉适宜性分为4类。具有灌溉适宜性的水样包括江水样、水库水样、2个湖水样、10个浅层地下水样和7个深层地下水样。5个浅层地下水样和1个深层地下水样可适用于灌溉。浅层地下水样SN36和稻田水的灌溉适宜性属于可允许至不确定。深层地下水样SN39、湖水样SN15、湖水样SN37，以及浅层地下水样SN11、SN40不适宜于农业灌溉。

松花江干流吉林江段流域的灌溉水质分类图如图6-13所示。对于松嫩平原的松花江干流吉林江段流域，大部分地表水和地下水水样位于C1-S1和C2-S1，表明水体的钠害危害性低，分别具有低和中等的盐害危害性。松花江干流吉林江段流域的深层地下水样均位于C2-S1，表明具有中等的盐害和低的钠害危害性。有4个浅层地下水样（ES48、ES50、ES05、ES08）和3个江水样（ES09、ES04、ES01）位于C3-S1，表明水体具有高的盐害和低的钠害危害性，长期用此水灌溉，如不经处理，会造成土壤的盐碱化。在此分类图中，温泉水样ES31位于C3-S3，表明水体的盐害和钠害危害性都高。浅层地下水样ES02位于C3-S4，说明水体的盐度高，碱度很高，如此水用于灌溉，极易造成土壤的盐碱化。

从钠离子百分比和电导率关系图分析可知，在松花江干流吉林江段流域，湖水、水库水、深层地下水、大多数江水、泉水和浅层地下水都是很好的灌溉水源。有3个浅层地下水样（ES48、ES50、ES05）和江水样（ES09、ES04、ES01），由于水体的电导率高，位于好—允许的范围。浅层地下水样ES02中的钠离子百分比很高，浅层地下水样ES08中的电导率很高，温泉水的电导率和钠离子百分比都高，这3个水样都介于有问题—不允许的范围内，表明水体不适宜于农业灌溉。在水体用于灌溉之前，需经过处理，降低钠离子和总离子含量，否则易造成土壤的盐碱化，不利于作物的增产增收。

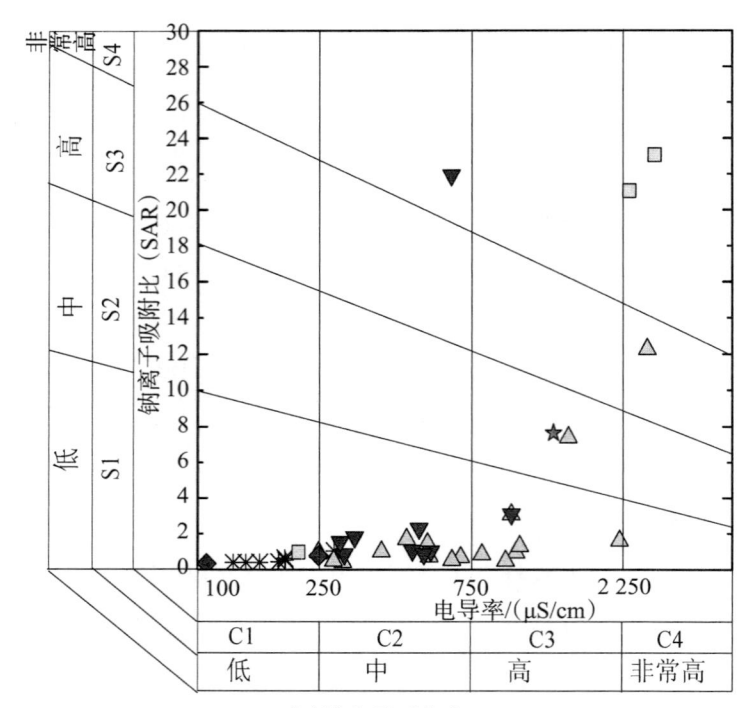

(a)钠离子百分比

(b)电导率散点图

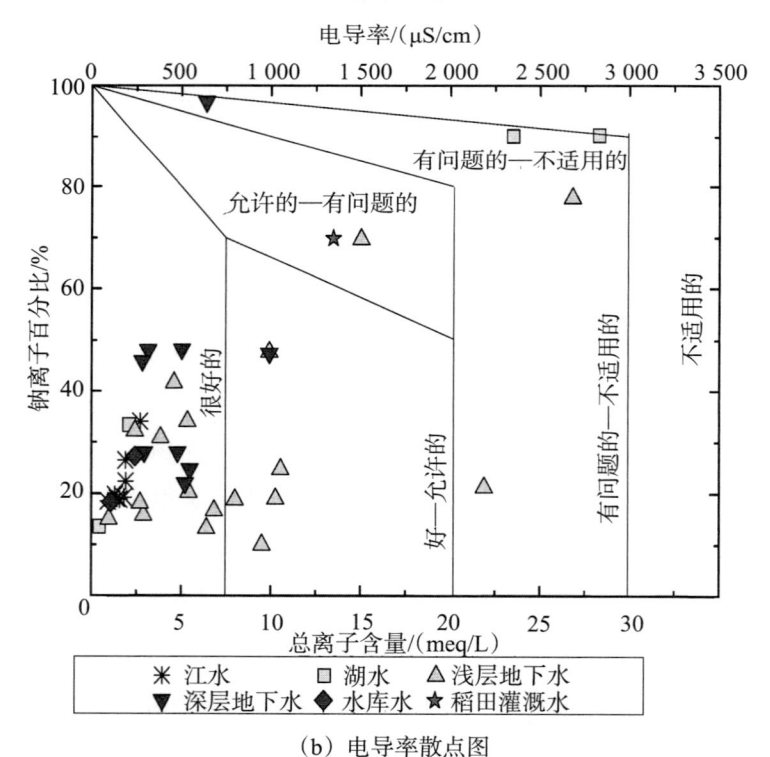

图6-12 嫩江-松花江流域的灌溉水质分类图

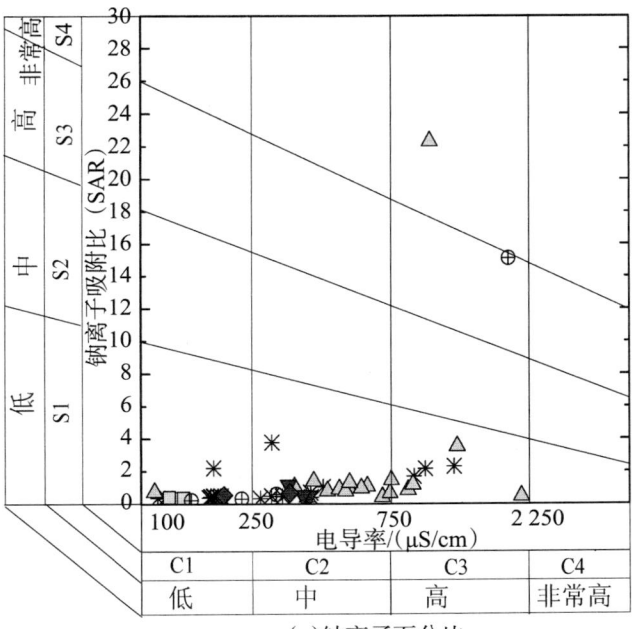

(a) 钠离子百分比

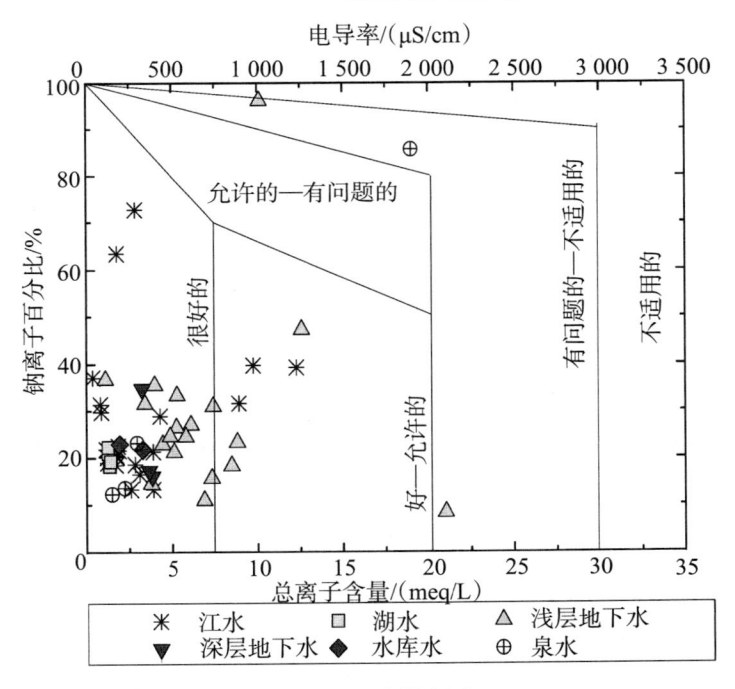

(b) 电导率散点图

图6-13　松花江干流吉林江段流域的灌溉水质分类图

6.3.3 灌溉适宜性的综合评价

在三江平原和松嫩平原的地表水和地下水都适用于灌溉，江水和水库水可直接灌溉农作物。部分浅层地下水和深层地下水由于盐度和钠含量高，在灌溉之前需要进行过滤处理，降低盐碱化的潜在危害性。三江平原的江水和地下水用于灌溉的效益对比分析见表6-5所列（王会军等，2006）。

表6-5 三江平原的江水和地下水用于灌溉的效益对比分析

灌溉水源	水稻生长期 a						产量	售价	收入	水费	增收
	I	II	III	IV	V	VI					
江水	5-20	5-26	6-1	7-3	7-19	9-2	10 321.5	1.64	16 927.5	600	2 793
地下水	5-20	5-27	6-4	7-8	7-24	9-8	8 898	1.58	14 059.5	525	

注：单位：生长期(月-日)，产量(kg/hm^2)，售价(元/kg)，收入($元/hm^2$)，水费($元/hm^2$)，增收($元/hm^2$)。
a：水稻生长期(I：插秧期，II：返青期，III：分蘖期，IV：拔节期，V：抽穗期，VI：成熟期)。

通过对比分析地表水和地下水的效益，地表水由于水温和有机质含量较地下水高，其灌溉的水稻较地下水灌溉的水稻提前一周成熟，产量也较地下水灌溉的水稻高。虽然地表水灌溉的水费较地下水高，但由于地表水灌溉的水稻品质好、售价高，其收益较地下水灌溉的水稻高。然而，在三江平原和松嫩平原，由于地下水容易开采、成本低，在实际生产生活中，地下水的利用程度高，而地表水的利用程度并不高。

三江平原在2000年的实际灌溉面积达99.3×10^4 hm^2，比1996年的57.03×10^4 hm^2增加42.27×10^4 hm^2，增长74.1%。灌溉面积由占耕地面积比例的16.9%提高到28.3%，但灌溉率仍然较低。在灌溉面积中，水田面积为95.3×10^4 hm^2，占总灌溉面积的96%，灌溉基本是对水田而言的。水稻产量大幅提高，但占总播种面积70%以上的旱作物几乎没有灌溉（王韶华等，2003）。然而，井灌面积占总灌溉面积的68.4%和水田总面积的70%，地下水的利用量较大，而地表水包括过境水的利用量少。三江平原的地表水与地下水可综合利用，增大对地表水的利用程度，提高粮食生产的综合效益。

松嫩平原于20世纪80年代中期，地下水开采量增加了9.73×10^8 m^3，每年增加近1×10^8 m^3；从20世纪80年代中期到2004年，每年增加近2×10^8 m^3。过去的几十年是地下水开采量增长最快的时期。随着经济的发展，地下水的利用程度越来越高，开采量越来越大，地下水开采量与社会经济发展成比例增加（杨湜，2005）。目前，松嫩平原的地下水开采量为58.16×10^8 m^3/a，枯水年的地下水开采量将达到65×10^8 m^3/a以上。松嫩平原以开采潜水为主，占49.2%。其中，农业是用水大户，2004年的开采量为42.43×10^8 m^3，占总开采量的72.9%。松嫩平原社会经济用水的46%来源于地下水，特别是在中、西部地区，地下水所占的比重超过65%。地下水占水田灌溉用水量的1/4，平均生产1 t粮食，需消耗地下水152 m³。松嫩平原可增大对地表水资源的利用程度，减少和限制对地下水的开采。在地表水和地下水的相互作用下，灌溉水源的选择要综合考虑水体的可利用量和灌溉水质的适宜性。在选择地下水作为灌溉水源时，还应根据地下水的更新能力，决定地下水的开采量，从而实现水资源的可持续利用和农业的可持续发展。

6.4 本章小结

根据水体中的氚同位素含量，利用指数模型（EPM），根据氚同位素含量估算了三江平原浅层地下水的年龄范围为41～51年。三江平原的垂直入渗速率范围为0.07～0.63 m/a。地下水中的CFC-12和CFC-113含量的平均值分别为0.53 pmol/kg和0.20 pmol/kg。利用活塞流模型，由CFC-12浓度估算的三江平原的浅层地下水年龄为38.2～61.7年；松嫩平原的浅层地下水年龄分布范围为42.1～66.1年。三江平原地下水在松花江下游和黑龙江汇合处的年龄最小。平原中部的地下水的平均滞留时间长，年龄较大。松嫩平原地下水的年龄在空间上的分布区域化，在平原中部，齐齐哈尔、大庆和哈尔滨可能存在地下水位漏斗，附近地下水的更新时间增加。

三江平原的地下水资源比较丰富，地下水的更新能力好，随着井灌稻面积的增加，地下水位有降低的趋势，但距提出的潜水区允许埋深6～10 m、弱承压区15～20 m、混合区10～15 m（全区亦可为10～15 m）尚有一定距离。松嫩平原20多年来的潜水水位普遍下降了2～5 m，第四系承压水水位局部下降严重，一些城市的集中开采区形成了较大的地下水位下降漏斗。通过限制和减少本地区的地下水开采量，缓解了地下水的开采压力，使地下水位的下降速率明显减缓，停采的水源地水位逐渐得到恢复。

利用美国农业灌溉水质分类图和钠离子百分比（Na%）与电导率（EC）关系评价了地表水和地下水的灌溉水质。在三江平原和松嫩平原的地表水和地下水都适用于灌溉，江水和水库水可直接灌溉农作物。部分浅层地下水和深层地下水由于盐度和钠含量高，在灌溉之前需要进行过滤处理，降低盐碱化的潜在危害性。地表水由于水温和有机质含量较地下水高，其灌溉的水稻较地下水灌溉的水稻提前一周成熟，产量也较地下水灌溉的水稻高。虽然地表水灌溉的水费较地下水高，但由于地表水灌溉的水稻品质好、售价高，其收益较地下水灌溉的水稻高。

第7章

结论与展望

7.1 主要结论

三江平原和松嫩平原作为我国重要的粮食生产基地，承担着国家粮食增产任务。为研究农业开发区的水循环变化和水资源利用，分别沿松花江、黑龙江、乌苏里江、嫩江、松花江干流吉林江段及其主要支流和兴凯湖采集和分析了地表水和地下水的同位素和水化学样品。在查阅三江平原和松嫩平原已有的文献和数据资料的基础上，结合同位素和水化学信息，研究了大规模农业开发区的地表水和地下水的相互关系，得出了以下主要结论。

（1）揭示了降水、地表水和地下水的氢氧稳定同位素的时空分布特征，估算了降水中的氚同位素含量和水体中的氚输出曲线。

根据中国大气降水同位素观测网络（CHNIP）中的三江站、海伦站和长白山站在2005—2009年的月降水数据，得出松嫩-三江平原的当地大气降水线（LMWL）为$\delta D=7.0\delta^{18}O-12.8$（$R^2=0.933$）。在已有研究成果的基础上，估算了松嫩-三江平原的大气降水中的氚含量时间序列，并运用活塞流模型，得出水体中的氚输出曲线。

沿河流流向，江水总体上呈现同位素富集的趋势；地表水中的湖水和水库水由于受蒸发的影响，其同位素富集；浅层地下水的同位素总体上比深层地下水富集。三江平原地表水的δD和$\delta^{18}O$的关系为$\delta D=5.7\delta^{18}O-21.9$。沿嫩江-松花地表水的$\delta D$和$\delta^{18}O$关系为$\delta D=5.2\delta^{18}O-26.3$；沿松花江干流吉林江段的地表水的氢氧同位素组成的关系为$\delta D=5.7\delta^{18}O-16.5$。

(2) 阐述了降水、地表水和地下水的水化学成分，确定了降水、地表水和地下水的水体类型，揭示了在自然因素和人类活动影响下的地下水的水体类型的演化过程。

在松嫩-三江平原，降水中的阴离子以HCO_3^-为主，阳离子以Ca^{2+}为主。在松花江干流吉林江段的长白山顶的水样中，阴离子中的Cl^-含量最高，阳离子中的Na^+含量最高。三江平原的地表水和地下水的水体类型以Ca^{2+}-Mg^{2+}-HCO_3^-为主；在松嫩平原，沿嫩江-松花江地表水体主要类型为Na^+-HCO_3^-；沿松花江干流吉林江段，地表水体类型主要以Ca^{2+}-HCO_3^-为主。松嫩平原的地下水中的阳离子以Ca^{2+}、Na^+为主，阴离子以HCO_3^-、Cl^-为主。

水体在自然因素和人类活动的影响下，向不同的水体类型演化。沿嫩江-松花江流域，水体主要向两个方向演化。在自然因素主导下从Ca^{2+}-Mg^{2+}-HCO_3^-类型演化为Na^+-HCO_3^-型；受人类活动的影响，水体从Ca^{2+}-Mg^{2+}-HCO_3^-类型演化为Ca^{2+}-Mg^{2+}-Cl^-型。沿松花江干流吉林江段流域，水体的演化方向主要从长白山源区的Na^+-HCO_3^-型演化成Ca^{2+}-Mg^{2+}-HCO_3^-型；在人类活动的影响下，水化学类型向$Ca^{2+}(Mg^{2+})$-$Cl^-(SO_4^{2-})$演化。

(3) 揭示了河道附近江水、浅层地下水和深层地下水的相互关系及转换比例，在松嫩-三江平原区，浅层地下水补给江水，在河流汇合处和上游丘陵区，江水补给浅层地下水或深层地下水。运用PHREEQC模拟了水化学混合过程。

根据同位素、水化学和现场调查资料，分析了地表水与地下水的相互关系。在三江平原，沿松花江和乌苏里江，主要是浅层地下水补给江水；在松花江与黑龙江汇合处，松花江江水和黑龙江江水补给浅层地下水。在松嫩平原的哈尔滨处，浅层地下水补给江水。沿松花江干流吉林江段，局部地表水与地下水的水力联系紧密。下游平原区的浅层地下水补给江水；上游的深层地下水接受浅层地下水和江水的补给。

运用端元法，结合氧稳定同位素和保守离子定量计算了地表水与地下水的相互转换比例。在三江平原，松花江受江水和浅层地下水的补给，上游江水的补给比例占50%以上。在松花江和黑龙江汇合处，松花江和黑龙江江水补给浅层地下水，比例分别为88%和12%。乌苏里江江水接受浅层地下水的补给，比例为73%，上游江水占27%。在松嫩平原，浅层地下水对哈尔滨松花江水的补给占11%。在松花江干流吉林江段，深层地下水受江水和浅层地下水的补给，浅层地下水的补给比例占50%以上；下游平原区的浅层地下水补给江水的补给比例占20%左右。

在分析地表水和地下水的相互作用的基础上，运用PHREEQC Interactive定量模拟了水化学成分。河流不同区域的水文地质条件不同，地表水与地下水的水力联系的差异，地下水流动路径，水-岩相互作用等自然因素，以及人类活动对水化学组分的影响都可能导致模型计算的水化学成分与实测值存在差异。

（4）揭示了氚同位素含量、CFCs浓度以及浅层地下水年龄的空间分布特征，估算了浅层地下水的更新能力；三江平原的浅层地下水为现代水，其地下水年龄总体上比松嫩平原小，垂直入渗速率较快。

在三江平原，江水和湖水中的氚同位素含量平均值分别为22.7 TU和17.3 TU，浅层地下水和深层地下水的氚同位素平均含量分别为13.6 TU和8.3 TU。CFC-12和CFC-113含量的平均值分别为0.53 pmol/kg和0.20 pmol/kg。利用指数模型（EPM），根据氚同位素含量估算了浅层地下水的年龄范围在41～51年。将垂直入渗考虑为活塞流，三江平原的垂直入渗速率范围为0.07～0.63 m/a。

根据CFC-12浓度估算的三江平原的浅层地下水年龄为38.2～61.7年。松嫩平原的浅层地下水年龄分布范围为42.1～66.1年。运用氚同位素含量和CFCs浓度估算的浅层地下水年龄的数值在总体上接近。随地下水年龄的增加，地下水中SiO_2的含量呈增加趋势。三江平原浅层地下水的CFC-12年龄与SiO_2含量的线性回归关系为$y=0.31x+37.84$（$R^2=0.151$，$n=11$）。氚同位素含量与SiO_2含量的线性回归关系是$y=-0.73x+37.79$（$R^2=0.199$，$n=11$）。

（5）探讨了典型农场和城市附近地下水位的动态变化特征。三江平原农场的地下水位虽有下降趋势，但补给条件好，地下水资源的开采潜力大，而松嫩平原需限制和减少地下水开采量。根据灌溉水质标准，评价了地表水和地下水的灌溉适宜性。地表水大多可直接用于灌溉，而且其综合效益较地下水灌溉高。

随着井灌稻面积的增加，三江平原的850农场、创业农场和友谊农场的地下水位有降低的趋势，但尚未达到潜水区允许埋深6～10 m、弱承压区15～20 m、混合区10～15 m。三江平原不仅有大量的垂直补给条件，而且有大量的横向补给条件（尤其是沿江河地区），地下水的更新能力好。松嫩平原20多年来的潜水水位普遍下降了2～5 m，第四系承压水水位局部下降严重，一些城市的集中开采区形成了较大的地下水位下降漏斗。通过限制和降低地下水开采量，减缓了地下水水位的下降趋势。

依据美国农业灌溉水质分类图、钠离子百分比（Na%）与电导率（EC）关系，评价了地表水和地下水的灌溉水质。在三江平原和松嫩平原，地表水和地下水均适用于灌溉，江水和水库水可直接灌溉农作物。部分浅层地下水和深层地下水由于盐度和钠含量高，在灌溉之前需要进行过滤处理，降低盐碱化的潜在危害性。地表水由于水温和有机质含量较地下水高，其灌溉的水稻较地下水灌溉的水稻提前一周成熟，产量较地下水灌溉的水稻高，其收益较地下水灌溉的水稻高。

7.2 研究中的创新点

本书的创新点如下。

（1）利用稳定同位素和水化学等信息，定量确定了典型区河道的地表水与浅层地下水、深层地下水的相互转换关系。

（2）基于地表水和地下水的相互转换比例，运用PHREEQC模拟了在地表水与地下水相互作用下的水化学混合过程。

（3）利用放射性氚同位素和氟利昂CFCs相结合的方法，确定了典型区浅层地下水的年龄及更新能力。

（4）依据农业灌溉水质标准，对比分析了地表水和地下水的灌溉水质，评价了地表水和地下水的灌溉适宜性，为水资源的可持续利用提供参考。

7.3 研究不足与展望

在本书工作的基础上，可对以下问题进行深入研究。

（1）地表水与地下水的相互作用是水文学研究的热点之一。地表水与地下水的相互作用关系在时间上和空间上具有差异性。本书主要通过现场调查、测试结合同位素和水化学信息，研究了三江平原和松嫩平原的主要河流与周边地下水的相互关系。同位素和水化学所"记录"的短期或瞬时信息需要进行进一步的积累和研究，而且积累长时间和大空间的同位素和水化学等信息，有利于更深入地分析地表水和地下水的相互关系。

（2）在松嫩平原和三江平原分布着大大小小的湿地，这些湿地对生态环境的保育起着重要作用。湿地水体的变化，如面积的减少、水环境的变化等，直接影响了周边的地下水，因此，可对湿地与周边地下水的相互关系作深入、详细的研究。

（3）三江平原和松嫩平原的气候水文、土壤类型、水文地质条件及土地利用方式等的差异大，而这些因素影响了地表水与地下水的相互作用关系。本书的研究工作主要侧重于地表水与地下水的相互关系紧密的河道或地表水体附近。在该区域尚存盐碱地和荒漠化等特殊区域，是粮食生产的后备土地，开展对这些区域的地表水与地下水的相互作用关系的研究，能更好地揭示地表水与地下水的相互作用机理。

（4）三江平原和松嫩平原为国家粮食安全提供着重要保障，而农田灌溉系统是粮食生产的基础保障之一。松嫩-三江平原建立和运用大规模的灌溉系统后，可能会对灌溉系统的周边区域的水循环和水环境产生影响，进而影响到地表水和地下水的相互作用关系。人类活动强烈影响下的地表水与地下水的相互作用关系也是今后深入研究的方面。

参考文献

[1] 毕二平,母海东,陈宗宇,等. 人类活动对河北平原地下水水质演化的影响[J]. 地球学报,2001,22(4):365-368.

[2] 曾丽红,宋开山,张柏,等. 1960年以来松嫩平原生长季干旱特征分析[J]. 干旱区资源与环境,2010(9):114-122.

[3] 陈家厚,杨林,王晓燕. 日本山形降雨中离子成分的研究[J]. 中国环境监测,2008(5):53-56.

[4] 陈宗宇,齐继祥,张兆吉,等. 北方典型盆地同位素水文地质学方法应用[M]. 北京:科学出版社,2010.

[5] 陈宗宇,万力,聂振龙,等. 利用稳定同位素识别黑河流域地下水的补给来源[J]. 水文地质工程地质,2006(6):9-13.

[6] 付强,李伟业. 三江平原沼泽湿地生态承载能力综合评价[J]. 生态学报,2008,28(10):5002-5010.

[7] 郭跃东,何艳芬. 松嫩平原湿地动态变化及其驱动力研究[J]. 湿地科学,2005(1):54-59.

[8] 何琏. 中国三江平原[M]. 哈尔滨:黑龙江科学技术出版社,2000.

[9] 黑龙江农垦总局统计局. 黑龙江垦区统计年鉴2009[M]. 北京:中国统计出版社,2009.

[10] 黑龙江省地质局水文地质工程地质大队. 东北平原区的地下水[M]. 北京:地质出版社,1959.

[11] 胡立堂,王忠静,赵建世,等. 地表水和地下水相互作用及集成模型研究[J]. 水利学报,2007,38(1):54-60.

[12] 黄妮,刘殿伟,王宗明,等. 1954—2005年三江平原自然湿地分布特征研究[J]. 湿地科学,2009,7(1):33-39.

[13] 贾艳琨,刘福亮,张琳,等. 利用环境同位素识别酒泉—张掖盆地地下水补给和水流系统[J]. 地球学报,2008,29(6):740-744.

[14] 鞠建廷,朱立平,汪勇,等. 藏南普莫雍错流域水体离子组成与空间分布及其环境意义[J]. 湖泊科学,2008,20(5):591-599.

[15] 郎赟超,刘丛强,韩贵琳,等. 贵阳市区地表/地下水化学与锶同位素研究[J]. 第四纪研究,2005,25(5):655-662.

[16] 李晨,秦大军. 关中盆地浅层地下水CFC年龄的计算[J]. 工程勘察,2009(9):39-44.

[17] 连炎清. 大气降水氚含量恢复的多元统计学方法——以临汾地区降水氚值恢复为例[J]. 中国岩溶,1990,9(2):157-166.

[18] 林明,韩晓君. 松嫩平原水资源可持续利用方向探讨[J]. 黑龙江水利科技,2002(4):52-53.

[19] 刘进达. 近十年来中国大气降水氚浓度变化趋势研究[J]. 勘察科学技术,2001(4):11-14.

[20] 刘强,马宏伟,田辉,等. 松嫩平原湿地分布变化与影响因素分析[J]. 地质与资源,2010(1):76-80.

[21] 刘鑫,宋献方,夏军,等. 黄土高原岔巴沟流域降水氢氧同位素特征及水汽来源初探[J]. 资源科学,2007,29(3):59-66.

[22] 柳鉴容,宋献方,袁国富,等. 西北地区大气降水$\delta^{18}O$的特征及水汽来源[J]. 地理学报,2008,63(1):12-22.

[23] 柳鉴容,宋献方,袁国富,等. 中国东部季风区大气降水$\delta^{18}O$的特征及水汽来源[J]. 科学通报,2009(22):3521-3531.

[24] 龙文华,陈鸿汉,段青梅,等. 人工神经网络方法在大气降水氚浓度恢复中的应用[J]. 地质与资源,2008,17(3):208-212.

[25] 栾兆擎,章光新,邓伟,等. 三江平原50年来气温及降水变化研究[J]. 干旱区资源与环境,2007a,21(11):39-43.

[26] 栾兆擎,章光新,邓伟,等. 松嫩平原50年来气温及降水变化分析[J]. 中国农业气象,2007b(4):355-358.

[27] 罗先香,何岩,邓伟. 三江平原沼泽湿地水系统研究浅析[J]. 生态学杂志,2003,22(1):40-42.

[28] 吕金福,李志民,冷雪天,等. 松嫩平原湖泊的分类与分区[J]. 地理科学,1998(6):524-530.

[29] 毛晓敏,刘翔,A Barry D. PHREEQC在地下水溶质反应运移模拟中的应用[J]. 水文地质工程地质,2004(2):20-24.

[30] 聂振龙,陈宗宇,程旭学,等.黑河干流浅层地下水与地表水相互转化的水化学特征[J].吉林大学学报(地球科学版),2005,35(1):48-53.

[31] 乔小娟,李国敏,王宏义,等.利用CFCs定年数据计算静升盆地含水层渗透系数[J].水文地质工程地质,2009(3):21-24.

[32] 秦大军.影响地下水CFCs定年的主要因素[J].自然科学进展,2004,14(10):1199-1203.

[33] 秦大军.地下水CFC定年方法及应用[J].地下水,2005,27(6):435-437.

[34] 秦大军,Turner Jeffrey V,Han Liangfeng,等.利用CFCs和^{3}H确定陕西关中盆地浅层下水循环[C].中国地球物理学会第十九届年会,2003.

[35] 裘善文.中国东北地貌第四纪研究与应用[M].长春:吉林科学技术出版社,2008.

[36] 裘善文,孙广友,李卫东,等.三江平原松花江古水文网遗迹的发现[J].地理学报,1979,34(3):265-274.

[37] 宋开山,刘殿伟,王宗明,等.1954年以来三江平原土地利用变化及驱动力[J].地理学报,2008a,63(1):93-104.

[38] 宋开山,刘殿伟,王宗明,等.三江平原过去50年耕地动态变化及其驱动力分析[J].水土保持学报,2008b(4):75-81.

[39] 宋献方,李发东,于静洁,等.基于氢氧同位素与水化学的潮白河流域地下水水循环特征[J].地理研究,2007a,26(1):11-21.

[40] 宋献方,刘相超,夏军,等.基于环境同位素技术的怀沙河流域地表水和地下水转化关系研究[J].中国科学D辑,2007b,37(1):102-110.

[41] 宋献方,刘鑫,夏军,等.基于氢氧同位素的岔巴沟流域地表水—地下水转化关系研究[J].应用基础与工程科学学报,2009,17(1):8-20.

[42] 宋献方,柳鉴容,孙晓敏,等.基于CERN的中国大气降水同位素观测网络[J].地球科学进展,2007c,22(7):738-747.

[43] 宋献方,夏军,于静洁,等.应用环境同位素技术研究华北典型流域水循环机理的展望[J].地理科学进展,2002,21(6):527-537.

[44] 苏小四,万玉玉,董维红,等.马莲河河水与地下水的相互关系:水化学和同位素证据[J].吉林大学学报(地球科学版),2009,39(6):1087-1094.

[45] 苏跃才,王凤生.同位素信息在松嫩平原地下水研究中的应用[J].吉林地质,1988(1):21-39.

[46] 汤洁,汪雪格,斯蔼,等.松嫩平原土地利用变化的聚类分析[J].干旱区研究,2008,25(6):829-834.

[47] 滕彦国,张琢,冯丹.河水-地下水交互带内污染物生物地球化学行为及其探测技术[J].北京师范大学学报(自然科学版),2009,45(5/6):515-519.

[48] 田华,王文科,荆秀艳,等.玛纳斯河流域地下水氚同位素研究[J].干旱区资源与环境,2010,24(3):98-102.

[49] 田立德,姚檀栋,孙维贞.青藏高原南北降水中δD和$\delta^{18}O$关系及水汽来源[J].中国科学D辑,2001,31(3):214-220.

[50] 汪爱华,张树清,张柏.三江平原沼泽湿地景观空间格局变化[J].生态学报,2003,23(2):237-243.

[51] 王凤生.吉林省大气降水氚浓度恢复的区域模型探讨[J].吉林地质,1998,17(3):75-81.

[52] 刘存富,王恒纯.环境同位素水文地质学基础[M].武汉:中国地质大学出版社,1984.

[53] 王会军,穆洪启,杨臣军,等.引乌苏里江水灌溉水稻促进农场经济快速发展[J].垦殖与稻作,2006(S1):145.

[54] 王杰,王文科,田华,等.环境同位素在三水转化研究中的应用[J].工程勘察,2007(3):31-39.

[55] 王磊,章光新.扎龙湿地地表水与浅层地下水的水文化学联系研究[J].湿地科学,2007,5(2):166-173.

[56] 王蕊,王中根,夏军.地表水和地下水耦合模型研究进展[J].地理科学进展,2008,27(4):37-41.

[57] 王韶华,刘文朝,刘群昌.三江平原农业需水量及适宜水稻种植面积的研究[J].农业工程学报,2004,20(4):50-53.

[58] 王韶华,田园.三江平原地下水埋深变化及成因的初步分析[J].灌溉排水学报,2003,22(2):61-64.

[59] 王文科,李俊亭,王钊,等.河流与地下水关系的演化及若干科学问题[J].吉林大学学报(地球科学版),2007,37(2):231-238.

[60] 王勇,柏钰春,尹喜霖,等.三江平原生态地质环境分区研究[J].水文地质工程地质,2004(6):11-18.

[61] 卫克勤,林瑞芬. 论季风气候对我国雨水同位素组成的影响[J]. 地球化学,1994,23(1):33-41.

[62] 文继娟. 三江平原两江一湖沿岸地区水田项目开发建设的必要性[J]. 黑龙江水利科技,2004(2):92,94.

[63] 徐虹,毕晓辉,林丰妹,等. 杭州市大气降雨化学组成特征及来源分析[J]. 环境污染与防治,2010(7):75-81.

[64] 徐乐昌. 地下水模拟常用软件介绍[J]. 铀矿冶,2002,21(1):33-38.

[65] 徐力刚,张奇,左海军. 地表水地下水的交互与耦合模拟研究现状与进展[J]. 水资源保护,2009,25(5):82-85,102.

[66] 闫学义,杨玉春,姚章村. 井灌稻典型区地下水动态综合分析与发现[J]. 黑龙江水专学报,2010,37(1):31-36.

[67] 严立文,黄海军,刘艳霞. 基于GIS空间分析的海底表层沉积物粒度分布特征插值研究[J]. 海洋科学,2010(1):58-64.

[68] 杨东贞,周怀刚,张忠华. 中国区域空气污染本底站的降水化学特征[J]. 应用气象学报,2002(4):430-439.

[69] 杨胜天,刘昌明. 黄河流域土壤水分遥感计算及水循环过程分析[J]. 中国科学(E辑),2004,34(增刊):1-12.

[70] 杨澍. 基于遥感技术的三江平原生态地质环境综合研究[D]. 长春:吉林大学,2005.

[71] 杨文,王勇,尹喜霖,等. 三江平原地下水流动系统的分析[J]. 东北水利水电,2005,23(247):23-25.

[72] 杨湘奎. 基于同位素技术的松嫩平原地下水补给及更新性研究[D]. 北京:中国地质大学,2008.

[73] 杨湘奎,孔庆轩,李晓抗. 三江平原地下水资源合理开发利用模式探讨[J]. 水文地质工程地质,2006,33(3):49-52.

[74] 姚丽娟. 三江平原典型地下水动态曲线诠释[J]. 水利科技与经济,2008,83(5):379-381,383.

[75] 姚书春,薛滨,吕宪国,等. 松嫩平原湖泊水化学特征研究[J]. 湿地科学,2010(2):169-175.

[76] 尹喜霖,初禹,杨文. 三江平原沼泽与降水、地表水、地下水的关系[J]. 中国生态农业学报,2003,11(1):157-158.

[77] 尹喜霖,王子东. 三江平原地区浅层地下水系统[J]. 地下水,2004,26(1):17-19.

[78] 于静洁,宋献方,刘相超,等.基于δD和δ¹⁸O及水化学的永定河流域地下水循环特征解析[J].自然资源学报,2007,22(3):415-423.

[79] 张桂华,刘建军,郭洪彬.三江平原古水文网变迁[J].黑龙江水专学报,2002,29(2):17-19.

[80] 张树清,庄毓敏,汪爱华,等.三江平原沼泽湿地时空动态特征[J].地理学报,2002,57(B12):94-100.

[81] 张应华,仵彦卿.黑河流域大气降水水汽来源分析[J].干旱区地理,2008,31(3):403-408.

[82] 张应华,仵彦卿,苏建平,等.额济纳盆地地下水补给机理研究[J].中国沙漠,2006a,26(1):96-102.

[83] 张应华,仵彦卿,温小虎,等.环境同位素在水循环研究中的应用[J].水科学进展,2006b,17(5):738-747.

[84] 张宗祜,李烈荣.中国地下水资源(黑龙江卷)[M].北京:中国地图出版社,2005a.

[85] 张宗祜,李烈荣.中国地下水资源(吉林卷)[M].北京:中国地图出版社,2005b.

[86] 章光新.松嫩平原水资源可持续利用战略探讨[J].水土保持通报,2004(01):69-73.

[87] 章新平,姚檀栋.大气降水中氧同位素分馏过程的数学模拟[J].冰川冻土,1994,16(2):156-165.

[88] 章远钰,崔瀚文.东北三江平原湿地环境变化[J].生态环境学报,2009,18(4):1374-1378.

[89] 赵海卿,赵勇胜,杨湘奎,等.松嫩平原地下水资源及其环境问题调查评价[M].北京:地质出版社,2009.

[90] 赵惠新.三江平原水资源可持续利用与保护[J].黑龙江水专学报,2008,35(4):1-3.

[91] 郑淑蕙,侯发高,倪葆龄.我国大气降水的氢氧稳定同位素研究[J].科学通报,1983(13):801-806.

[92] 郑跃军,万利勤,李文鹏,等.北京平原周边基岩水和地表水的水化学及同位素分析[J].水文地质工程地质,2009(1):48-51.

[93] 中国科学院长春地理研究所沼泽研究室.三江平原沼泽[M].北京:科学出版社,1983.

[94] 中国科学院长春分院《松花江流域环境问题研究》编辑委员会.松花江流域环境问题研究[M].北京:科学出版社,1992.

[95] 钟幼兰,王启东. 三江平原水资源现状及开发利用方向分析[J]. 黑龙江水利科技, 2008,36(6):133-136.

[96] 仲崇合,郭凤廷,牟丽丽,等. 友谊农场发展井灌稻潜力分析[J]. 黑龙江水专学报, 2010,37(2):9-13.

[97] 周志强. 三江平原地区植被与植物资源[M]. 哈尔滨:东北林业大学出版社,2005.

[98] 朱秉启,杨小平. 塔克拉玛干沙漠天然水体的化学特征及其成因[J]. 科学通报,2007, 52(13):1561-1566.

[99] ADAR E M, DODY A, GEYH M A, et al. Distribution of stable isotopes in arid storms I. Relation between the distribution of isotopic composition in rainfall and in the consequent runoff[J]. Hydrogeology Journal,1998,6:50-65.

[100] ADAR E M, ROSENTHAL E, ISSAR A S, et al. Quantitative assessment of the flow pattern in the shouthern Arava Valley(Israle) by environmental tracers and a mixing cell model[J]. Journal of Hydrology,1992,136:333-352.

[101] AYENEW T, KEBEDE S, ALEMYAHU T. Environmental isotopes and hydrochemical study applied to surface water and groundwater interaction in the Awash River basin[J]. Hydrological processes,2008,22(10):1548-1563.

[102] BANKS E W, SIMMONS C T, LOVE A J, et al. Assessing Spatial and Temporal Connectivity between Surface water and Groundwater in a Regional Catchment: Implications for Regional Scale Water Quantity and Quality[J]. Journal of Hydrology, 2011, 404:30-49.

[103] BANOENG-YAKUBO B, YIDANA S M, ANKU Y, et al. Water quality characterization in some Birimian aquifers of the Birim Basin, Ghana[J]. KSCE Journal of Civil Engineering,2009,13(3):179-187.

[104] BORONINA A, RENARD P, BALDERER W, et al. Application of tritium in precipitation and in groundwater of the Kouris catchment(Cyprus) for description of the regional groundwater flow[J]. Applied Geochemistry,2005,20(7):1292-1308.

[105] BRUNKE M, GONSER T. The ecological significance of exchange processes between rivers and groundwater[J]. Fresh Biology,1997,37:1-33.

[106] CHAPMAN S W, PARKER B L, CHERRY J A, et al. Groundwater-surface water interaction and its role on TCE groundwater plume attenuation[J]. Journal of Contaminant Hydrology,2007,91:203-232.

[107] CLARK I D, FRITZ P. Environmental isotopes in hydrology[M]. NewYork: Lewis publishers, 1997.

[108] COOK P. Surface Water-Groundwater Interactions in National centre for groundwater research and training. 2009.

[109] CRAIG H. Isotopic variation in Meteoric waters[J]. Science, 1961(133): 1702-1703.

[110] DAHAN O, MCGRAW D, ADAR E, et al. Multi-variable mixing cell model as a calibration and validation tool for hydrogeologic groundwater modeling[J]. Journal of Hydrology, 2004, 293: 115-136.

[111] DANSGAARD W. The abundance of ^{18}O in atmospheric water and water vapor[J]. Tellus, 1953, 5(4): 461-469.

[112] DANSGAARD W. Stable Isotopes in precipitation[J]. Tellus, 1964, 16(4): 436-438.

[113] FENG B, XIAO C L, ZHOU Y B. Groundwater Level Forecast and Prediction of Songnen Plain in Jilin Province[J]. Physical and Numerical Simulation of Geotechnical Engineering, 2014, 15: 55-58.

[114] GAT J R. Oxygen and hydrogen isotopes in the hydrologic cycle[J]. Annual Review of Earth and Planetary Sciences, 1996(24): 225-262.

[115] GATTACCECA J C, VALLET-COULOMB C, MAYER A, et al. Isotopic and geochemical characterization of salinization in the shallow aquifers of a reclaimed subsiding zone: The southern Venice Lagoon coastland[J]. Journal of Hydrology, 2009, 378 (1-2): 46-61.

[116] GIBBS R J. Mechanisms controlling world water chemistry[J]. Science, 1970, 170 (3962): 1088-1090.

[117] GIBSON J J, REID R. Stable isotope fingerprint of open-water evaporation losses and effective drainage area fluctuations in a subarctic shield watershed[J]. Journal of Hydrology, 2010, 381(1-2): 142-150.

[118] HAN D M, SONG X F, CURRELL M J, et al. Using chlorofluorocarbons (CFCs) and tritium to improve conceptual model of groundwater flow in the South Coast Aquifers of Laizhou Bay, China[J]. Hydrological Processes, 2012, 26(23): 3614-3629.

[119] HANCOCK P J. Human Impacts on the Stream-Groundwater Exchange Zone[J]. Environmental Management, 2002, 29(6): 763-781.

[120] HUDDART P A, LONGSTAFFE F J, CROWE A S. δD and $\delta^{18}O$ evidence for inputs to

groundwater at a wetland coastal boundary in the southern Great Lakes region of Canada[J]. Journal of Hydrology,1999,214:18-31.

[121] HUNT J,COPLEN T B,HAAS N L,et al. Investigating surface water-well interaction using stable isotope ratios of water[J]. Journal of Hydrology,2005,302(1-4):154-172.

[122] INTARAPRASONG T,ZHAN H B. A general framework of stream-aquifer interaction caused by variable stream stages[J]. Journal of Hydrology,2009,373(1-2):112-121.

[123] COPLEN T. Stable isotope hydrology:Deuterium and oxygen18 in the water cycle[J]. Eos Transactions American Geophysical Union,1982,210:273.

[124] International Atomic Energy Agency. Use of chlorofluorocarbons in hydrology:a guidebook[M]. Vienna:International Atomic Energy Agency,2006.

[125] JOLLY I D,RASSAM D W. A review of modelling of groundwater-surface water interactions in arid/semi-arid floodplains[C].18th World IMACS / MODSIM Congress,2009.

[126] KATZ B G,COPLEN T B,BULLEN T D,et al. Use of chemical and isotopic tracers to characterize the interactions between ground water and surface water in mantled karst[J]. Ground water,1997,35(6):1014-1028.

[127] KOHFAHL C,RODRIGUEZ M,FENK C,et al. Characterising flow regime and interrelation between surface-water and ground-water in the Fuente de Piedra salt lake basin by means of stable isotopes,hydrogeochemical and hydraulic data[J]. Journal of Hydrology,2008(351):170-187.

[128] KRAUSE S,BRONSTERT A,ZEHE E. Groundwater-surface water interactions in a North German lowland floodplain - Implications for the river discharge dynamics and riparian water balance[J]. Journal of Hydrology,2007,347(3-4):404-417.

[129] KREUZER A M.,VON R C,FRIEDRICH R,et al. A record of temperature and monsoon intensity over the past 40 kyr from groundwater in the North China Plain[J]. Chemical Geology,2009,259(3-4):168-180.

[130] LEYBOURNE M I,CLARK I D,GOODFELLOW W D. Stable isotpe geochemistry of ground and surface waters associated with undisturbed massive sulfide deposits;constains on origin of waters and water-rock reactions[J]. Chemical Geology,2006(231):300-325.

[131] LIANG L Q, LI L J, LIU Q. Precipitation variability in Northeast China from 1961 to 2008[J]. Journal of Hydrology, 2011, 404(1-2): 67-76.

[132] LIU J R, SONG X F, YUAN G F, et al. Characteristics of $\delta^{18}O$ in precipitation over Eastern Monsoon China and the water vapor sources[J]. Chinese Science Bulletin, 2010, 55(2): 200-211.

[133] MACKENSEN A. Oxygen and carbon stable isotope tracers of Weddell Sea water masses: new data and some paleoceanographic implications[J]. Deep-Sea Research Part I-Oceanographic Research Papers, 2001, 48(6): 1401-1422.

[134] MALOSZEWSKI P, ZUBER A. Influence of matrix diffusion and exchange reactions on radiocarbon ages in fissured carbonate aquifers[J]. Water Resource Research, 1991, 27(8): 1937-1945.

[135] MAŁOSZEWSKI P, ZUBER A. Determining the turnover time of groundwater systems with the aid of environmental tracers: 1. Models and their applicability[J]. Journal of Hydrology, 1982, 57(3-4): 207-231.

[136] MARKSTROM S L, NISWONGER R G, REGAN R S, et al. GSFLOW—Coupled Ground-Water and Surface-Water Flow Model Based on the Integration of the Precipitation-Runoff Modeling System (PRMS) and the Modular Ground-Water Flow Model (MODFLOW-2005)[M]. Reston, Virginia: U.S. Geological Survey, 2008.

[137] MCGUFFIE K, HENDERSON-SELLERS A. Stable water isotope characterization of human and natural impacts on land-atmosphere exchanges in the Amazon Basin[J]. Journal of Geophysical Research-Atmospheres, 2004, 109(D17).

[138] MOOK W G. Environmental Isotopes in the Hydrological Cycle Principles and Applications [M]. Surface water, ed. Joel R. Gat, Willem G. Mook and Harro A.J. Meijer. Vol. III. Paris: UNESCO, 2000.

[139] MORGENSTERN U, STEWART M K, STENGER R. Dating of streamwater using tritium in a post nuclear bomb pulse world: continuous variation of mean transit time with streamflow[J]. Hydrology and Earth System Sciences, 2010, 14(11): 2289-2301.

[140] PARKHURST D L, APPELO C A J. Description of input and examples for PHREEQC version 3-A computer program for speciation, batch-reaction, one-dimensional

transport, and inverse geochemical calculations[M]. Colorado: U.S. Geological Survey,2013.

[141] PROMMA K,ZHENG C,ASNACHINDA P. Groundwater and surface-water interactions in a confined alluvial aquifer between two rivers: effects of groundwater flow dynamics on high iron anomaly[J]. Hydrogeology Journal,2006,15(3): 495-513.

[142] QIN D J,QIAN Y P,HAN L F,et al. Assessing impact of irrigation water on groundwater recharge and quality in arid environment using CFCs, tritium and stable isotopes, in the Zhangye Basin, Northwest China[J]. Journal of Hydrology, 2011, 405(1-2): 194-208.

[143] REN J G,WU Q Q,ZHENG X L,et al. The Studies of Regional Water Circulation Patterns in the Yerqiang River Basin[J]. Journal of Ocean University of China, 2006, 5(4): 357-362.

[144] RICHARDS L A. Diagnosis improvement saline alkali soils[M]. US Department of Agriculture Handbook No.60,1954.

[145] SCHIAVO M A,HAUSER S,POVINEC P P. Stable isotopes of water as a tool to study groundwater-seawater interactions in coastal south-eastern Sicily[J]. Journal of Hydrology,2009,364(1-2): 40-49.

[146] SCHMIDT G A,HOFFMANN G,SHINDELL D T,et al. Modeling atmospheric stable water isotopes and the potential for constraining cloud processes and stratosphere-troposphere water exchange[J]. Journal of Geophysical Research-Atmospheres, 2005,110(D21).

[147] SCHMIDT R,SCHWINTZER P,FLECHTNER F,et al. GRACE observations of changes in continental water storage[J]. Global and Planetary Change,2006,50(1-2): 112-126.

[148] SCHROEDER R A,SETMIRE J G,DENSMORE J N. Use of Stable Isotopes, Tritium, Soluble Salts, and Redox-Sensitive Elements to Distinguish Ground-Water from Irrigation Water in the Salton-Sea Basin[J]. Irrigation and Drainage, 1991: 524-530, 821.

[149] SHARMA S K,SUBRAMANIAN V. Hydrochemistry of the Narmada and Tapti rivers,India[J]. Hydrological processes,2008,22(17): 3444-3455.

[150] SOPHOCLEOUS M. Interactions between groundwater and surface water: the state of the science[J]. Hydrogeology Journal, 2002, 10(1): 52-67.

[151] STUMM W, MORGAN J J. Aquatic Chemistry: Chemical Equilibria and Rates in Natural Waters, 3rd Edition[J]. Cram101 Textbook Outlines to Accompany, 1995, 179(17): A277.

[152] SWENSON S, WAHR J, MILLY P C D. Estimated accuracies of regional water storage variations inferred from the Gravity Recovery and Climate Experiment (GRACE)[J]. Water Resources Research, 2003, 39(8).

[153] SZABO Z, RICE D E, PLUMMER L N, et al. Age Dating of Shallow Groundwater with Chlorofluorocarbons, Tritium/Helium: 3, and Flow Path Analysis, Southern New Jersey Coastal Plain[J]. Water Resource Research, 1996, 32(4): 1023-1038.

[154] TANIGUCHI M, NAKAYAMA T, TASE N, et al. Stable isotope studies of precipitation and river water in the Lake Biwa basin, Japan[J]. Hydrological processes, 2000, 14(3): 539-556.

[155] THOMPSON G M, HAYES J M. Trichloromethane in groundwater: A possible tracer and indicator of groundwater age[J]. Water Resource Research, 1979, 15: 546-554.

[156] TU J, WANG H S, ZHANG Z F, et al. Trends in chemical composition of precipitation in Nanjing, China, during 1992-2003[J]. Atmospheric Research, 2005, 73(3-4): 283-298.

[157] VAUGHN B H, FOUNTAIN A G. Stable isotopes and electrical conductivity as keys to understanding water pathways and storage in South Cascade Glacier, Washington, USA[J]. Annals of Glaciology, 2005, 40: 107-112.

[158] WALKER R H, GRAHAM M C, FARMER J G, et al. Stable isotopes as tracers of water flow and geochemical interactions relating to low-level radioactive waste disposal.[J]. Contaminated Soil '98, Vols 1 and 2, 1998: 929-930, 1298.

[159] WALTON-DAY K. Using stable isotopes in water to characterize water sources to abandoned mine tunnels[J]. Geochimica Et Cosmochimica Acta, 2008, 72(12): A993.

[160] WALTON-DAY K, POETER E. Investigating hydraulic connections and the origin of water in a mine tunnel using stable isotopes and hydrographs[J]. Applied Geochemistry, 2009, 24(12): 2266-2282.

[161] WANG S H, TIAN Y. Preliminary research on groundwater table change and causes in Sanjiang plain (in Chinese) [J]. Journal of Irrigation and Drainage, 2003, 22(2): 61-64.

[162] WEI Y X, KANG B Y, GUO D B, et al. Changes to soil and water environment in reclaimed marshland of Sanjiang Plain[M]. Water-Saving Agriculture and Sustainable Use of Water and Land Resources, Vols 1 and 2, Proceedings, ed. S. Kang, B. Davies, L. Shan, and H. Cai. 2004, 967-976.

[163] WILCOX L V. Classification and use of irrigation waters[M]. Washington, DC: USDA.Circ 969, 1955.

[164] WINTER T C, HARVEY J W, FRANKE O L, et al. Ground Water and Surface Water: A Single Resource[M]. Denver, Colorado: Diane Pub Co, 1998.

[165] WOESSNER W W. Stream and fluvial plain ground water interactions: Rescaling hydrogeologic thought[J]. Ground water, 2000, 38(3): 423-429.

[166] YAKIREVICH A, DODY A, ADAR E M, et al. Distribution of stable isotopes in arid storms II. A double-component model of kinematic wave flow and transport[J]. Hydrogeology Journal, 1998, 6: 66-76.

[167] YAN M. H, DENG W, CHEN P Q. Recent trends of temperature and precipitation disturbed by large scale reclamation in the Sanjiang plain of China[J]. Chinese Geographical Science, 2003, 13(4): 317-321.

[168] YI Y, BROCK B E, FALCONE M D, et al. A coupled isotope tracer method to characterize input water to lakes[J]. Journal of Hydrology, 2008, 350(1-2): 1-13.

[169] ZHANG B, SONG X, ZHANG Y, et al. Hydrochemical characteristics and water quality assessment of surface water and groundwater in Songnen plain, Northeast China [J]. Water Research, 2012, 46(8): 2737-48.

[170] ZHANG J Y, MA K M, FU B J. Wetland loss under the impact of agricultural development in the Sanjiang Plain, NE China[J]. Environmental Monitoring and Assessment, 2010, 166(1-4): 139-148.

附　　录

附录A　松嫩-三江平原区域采样点说明

附表A-1　三江平原采样点说明

样品编号	水体类型	取样时间（年月日时间）	采样地点描述
SHJ01	江水	200909101800	佳木斯松花江边
SHJ02	江水	200909110900	桦川县松花江边
SHJ03	浅层地下水	200909111130	双兴村
SHJ03D	深层地下水	200909111150	双兴村
SHJ04	江水	200909111430	富锦渡口港
SHJ05	浅层地下水	200909111630	富锦大屯村
SHJ05D	深层地下水	200909111700	富锦大屯村
SHJ06	江水	200909120840	同江松花江航道
SHJ07	江水	200909120900	同江黑龙江航道
SHJ08	江水	200909120930	同江松花江和黑龙江汇合处
SHJ09	浅层地下水	200909121030	丰乐村
SHJ10	沼泽水	200909121500	沼泽生态站
SHJ11	江水	200909130450	东方第一哨乌苏里江
SHJ12	深层地下水	200909130510	东方第一哨后世纪井水
SHJ13	江水	200909131040	抚远黑龙江水

续表

样品编号	水体类型	取样时间（年月日时间）	采样地点描述
SHJ14	江水	200909131330	勒得利江边
SHJ15	浅层地下水	200909131450	勒得利15连
SHJ16	浅层地下水	200909131630	前进农场6连
SHJ16D	深层地下水	200909131655	前进农场6连
SHJ17	江水	2000909140930	挠力河
SHJ18	浅层地下水	200909141100	西丰河北村
SHJ18D	深层地下水	200909141015	西丰河北村
SHJ19	地表水	200909141445	完达山
SHJ20	江水	200909141530	乌苏里江水
SHJ21	浅层地下水	200909141620	饶河新兴路
SHJ22	江水	200909150850	牙克河
SHJ23	江水	200909151410	虎头乌苏里江
SHJ24	浅层地下水	200909151445	虎林小西山屯
SHJ24D	深层地下水	200909151530	虎林小西山屯
SHJ25	江水	200909160815	穆棱河密山桥下
SHJ26	浅层地下水	200909160845	穆棱河密山桥附近井水
SHJ27	湖水	200909161015	大兴凯湖
SHJ28	湖水	200909161145	兴凯湖
SHJ29	江水	200909170800	挠力河
SHJ30	泉水	200909170850	挠力河
SHJ31	浅层地下水	200909170914	宝清水文站
SHJ32	深层地下水	200909171410	阳霖油脂集团
SHJ33	浅层地下水	200909171500	抚力屯泥鳅养殖场

附表A-2 松嫩平原采样点说明

样品编号	水体类型	取样时间（年月日时间）	采样地点描述
SN01	河水	201008040858	哈尔滨松花江大桥下
SN02	浅层地下水	20100804	万宝镇巨宝村
SN03	深层地下水	20100804	万宝镇巨宝村
SN04	河水	20100804	肇源县松花江水
SN05	浅层地下水	20100804	松原市宁江区大洼镇华家村
SN06	河水	20100804	松原市松花江大桥
SN07	浅层地下水	20100804	松原市孙喜窝堡村
SN08	深层地下水	20100804	松原市孙喜窝堡村
SN09	深层地下水	201008050934	大安站水稻田深井地下水样
SN10	浅层地下水	201008051010	大安站浅层井水样
SN11	浅层地下水	201008051040	大安站浅层观测井
SN11-1	灌溉水	201008051045	水稻田内地表水
SN12	河水	20100805下午	嫩江大安港下游河水样
SN13	深层地下水	201008051647	肇源县民义乡新村
SN14	浅层地下水	201008060850	泰康县泰康镇五一村
SN15	湖水	201008060930	五一村西湖鱼场
SN16	浅层地下水	201008061130	齐市昂西区后家村草垫子
SN17	深层地下水	201008061210	齐市昂溪区后五家子村
SN18	沼泽水	201008061545	齐市扎龙湿地保护区沼泽水
SN19	深层地下水	201008061600	扎龙保护区放鹤区洗手区压把井
SN20	河水	201008070850	齐市沿江北街北端
SN21	深层地下水	201008070930	富裕县王屯村
SN22	浅层地下水	201008070950	富裕县王屯村
SN23	水库水	201008071520	尼尔基水库
SN24	浅层地下水	201008071640	二克浅镇
SN25	深层地下水	201008071710	二克浅镇
SN26	湖水	201008081200	五大连池南格拉球山天池湖水
SN27	浅层地下水	201008081300	大庆油田农场养鹿场

续表

样品编号	水体类型	取样时间（年月日时间）	采样地点描述
SN28	泉水	201008081500	五大连池风景区中心二龙泉水
SN29	湖水	201008081550	五大连池二池
SN30	浅层地下水	201008081630	双泉乡双泉村
SN31	河水	201008081700	讷谟尔河青山大桥
SN32	河水	201008090840	乌裕尔河大桥
SN33	浅层地下水	201008090900	克山县罗家屯
SN34	浅层地下水	201008091030	拜泉县利民村五队
SN35	浅层地下水	201008091300	青冈县迎春乡建华村于家屯
SN36	浅层地下水	201008091440	青冈县跃进村互助屯
SN37	湖水	201008100900	大庆市三永湖
SN38	水库水	201008101050	红旗水库
SN39	深层地下水	201008101120	大庆开发区一营五连
SN40	浅层地下水	201008101200	大庆开发区农场
SN41	河水	201008101620	哈市呼兰区呼兰河
SN42	浅层地下水	201008101640	哈市松北区养路段家属区
SN43	浅层地下水	201008101700	哈市松北区酿酒厂内

附表 A-3　松花江干流吉林江段流域采样点说明

样品编号	水体类型	取样时间（年月日时间）	采样地点描述
ES01	河水	201106060940	伊通河开安桥下
ES02	浅层地下水	201106060950	前岗乡齐河村井水
ES03	水库水	201106061105	农安县附近两家子水库供应农安县及周围人口用水
ES04	河水	201106061145	农安县万金塔乡大桥伊通河
ES05	浅层地下水	201106061200	德惠市无台镇华家屯浅井
ES06	河水	201106061350	德惠市东南饮马河大桥河水
ES07	河水	201106061435	五金屯松花江大桥河水
ES08	浅层地下水	201106061450	扶余市陶赖昭镇乌金村，周围是山丘
ES09	河水	201106061635	榆树市高水桥附近泡子，污水排入
ES10	浅层地下水	201106061640	泡子附近农家井
ES11	河水	201106071020	榆树市秀水镇大于村松花江水主干流
ES12	浅层地下水	201106071050	榆树市秀水镇大于村
ES13	河水	201106071205	舒兰市法特镇黄鱼村江水
ES14	浅层地下水	201106071220	舒兰市法特镇黄鱼村浅井
ES15	河水	201106071410	舒兰市溪河镇黄茂村
ES16	浅层地下水	201106071425	舒兰市溪河镇黄茂村
ES17	河水	201106071520	吉林市乌拉街满松镇松花江水
ES18	浅层地下水	201106071610	吉林市昌邑区东岗子村
ES19	河水	201106071700	吉林市新九派出所附近松花江水
ES20	浅层地下水	201106071710	吉林市开发区新九派出所附近
ES21	湖水	201106080920	吉林市丰满区江南乡腰岭村松花湖水
ES22	浅层地下水	201106080930	吉林市丰满区江南乡腰岭村浅层地下水
ES23	浅层地下水	201106080940	同上，深层地下水
ES24	湖水	201106081140	蛟河市松花镇爱林村湖水
ES25	深层地下水	201106081200	蛟河市松花镇爱林村井水
ES26	浅层地下水	201106081210	蛟河市松花镇爱林村手压井水
ES27	浅层地下水	201106081440	松花镇福东村浅井
ES28	湖水	201106081500	同上，附近的松花湖水
ES29	河水	201106081620	蛟河市永安大桥蛟河河水
ES30	瀑布	201106091630	长白瀑布所取水样
ES31	温泉	201106091600	长白瀑布下温泉，自流泉
ES32	溪水	201106091630	长白山溪水

续表

样品编号	水体类型	取样时间（年月日时间）	采样地点描述
ES33	井水	201106100940	长白山生态站井水
ES34	河水	201106100950	长白山二道白河镇河水
ES35-1	河水	201106101435	抚松水电一厂
ES36	河水	201106101320	抚松县两江桥江水
ES37	河水	201106101340	抚松县抚生村松花江大桥（汇合后）
ES38	井水	201106101405	抚松县抚生村手压井水
ES39	泉水	201106101410	泉水
ES40	湖水	201106101520	靖宇县松江村白山湖（头道江水）
ES41	深层地下水	201106101530	靖宇县松江村深层地下水
ES42	浅层地下水	201106101540	水库
ES43	水库水	201106101750	靖宇县赤松乡西马高村附近白山水库
ES44	河水	201106111040	白山镇白山水电站下游发电水
ES45	泉水	201106111450	桦甸市红石砬子镇泉水
ES46	河水	201106111500	桦甸市红石砬子镇松花江水
ES47	河水	201106111615	桦甸市辉发河河水
ES48	浅层地下水	201106111640	桦甸市双平村
ES49	河水	201106120940	饮马河山河街道旁河水
ES50	浅层地下水	201106121000	山河镇高家店村浅井
ES51	深层地下水	201106121030	山河镇自来水
ES52	河水	201106121140	金家满族乡小金屯南村沟饮马河水
ES53	泉水	201106121200	ES52附近岩石裂隙水
ES54	浅层地下水	201106121210	金家满族乡小金屯村浅井
ES55	河水	201106121345	岔路沙镇边河水
ES56	河水	201106121430	饮马河大桥河水

附录B 水化学混合模拟PHREEQC文件

PHREEQC版本是PHREEQC Interactive version 3.0.0.7430（U.S. Geological Survey）。本书对10个样点进行了水化学混合模拟，因篇幅有限，以SHJ02为例，列出PHREEQC的输入文件和输出文件，其他样点与此样点的输入参数相似。

1 输入文件 SHJ02MIX.pqi

MIX 1
  1 0.85
  3 0.15
SOLUTION 3
  temp 8.5
  pH 7.12
  pe 4
  redox pe
  units mg/l
  density 1
  Alkalinity 111.1
  Ca 37.47
  Cl 48.92
  K 2.74
  Mg 15.56
  Na 37.01
  S(6) 69.17
  N(5) 32.51
  -isotope 2H -75.2
  -isotope 18O -9.4
  -water 1 # kg

SOLUTION 2

    temp   18.4

    pH   7.85

    pe   4

    redox   pe

    units   mg/l

    density   1

    Alkalinity 70.78

    Ca   21.84

    Cl   11.34

    K   1.17

    Mg   5.35

    Na   10.81

    S(6)   23.06

    N(5)   5.39

    -isotope 18O   -11.1

    -isotope 2H   -84.8

    -water   1 # kg

SOLUTION 1

    temp   17.5

    pH   7.83

    pe   4

    redox   pe

    units   mg/l

    density   1

    Ca   21.84

    Cl   8.86

    Mg   5.23

    Na   11.04

    N(5)   6.15

    S(6)   18.25

Alkalinity 80.54

K   0.78

-isotope 18O   -11.4

-isotope 2H   -80.8

-water   1 # kg

2　输出文件　SHJ02MIX.pqo

Input file：D:\temp\HydrochemicalModel\SHJ02Mix.pqi

Output file：D:\temp\HydrochemicalModel\SHJ02Mix.pqo

Database file：C:\Program Files\USGS\Phreeqc Interactive 3.0.0-7430\database\phreeqc.dat

----

Reading data base.

SOLUTION_MASTER_SPECIES

SOLUTION_SPECIES

PHASES

EXCHANGE_MASTER_SPECIES

EXCHANGE_SPECIES

SURFACE_MASTER_SPECIES

SURFACE_SPECIES

RATES

END

Reading input data for simulation 1.

DATABASE C:\Program Files\USGS\Phreeqc Interactive 3.0.0-7430\database\phreeqc.dat

MIX 1

　　1　0.85

　　3　0.15

SOLUTION 3
    temp   8.5
    pH   7.12
    pe   4
    redox   pe
    units   mg/l
    density 1
    Alkalinity 111.1
    Ca   37.47
    Cl   48.92
    K   2.74
    Mg   15.56
    Na   37.01
    S(6)   69.17
    N(5)   32.51
    isotope 2H   −75.2
    isotope 18O   −9.4
    water   1 # kg
SOLUTION 2
    temp   18.4
    pH   7.85
    pe   4
    redox   pe
    units   mg/l
    density 1
    Alkalinity 70.78
    Ca   21.84
    Cl   11.34
    K   1.17
    Mg   5.35
    Na   10.81

S(6)   23.06

N(5)   5.39

isotope 18O   -11.1

isotope 2H   -84.8

water   1 # kg

SOLUTION 1

temp   17.5

pH   7.83

pe   4

redox   pe

units   mg/l

density   1

Ca   21.84

Cl   8.86

Mg   5.23

Na   11.04

N(5)   6.15

S(6)   18.25

Alkalinity 80.54

K   0.78

isotope 18O   -11.4

isotope 2H   -80.8

water   1 # kg

Beginning of initial solution calculations.

Initial solution 1.

--------------Solution composition----------------------------

Elements   Molality   Moles

Alkalinity   1.610e-003 1.610e-003

Ca   5.450e-004 5.450e-004

Cl	2.499e−004	2.499e−004
K	1.995e−005	1.995e−005
Mg	2.152e−004	2.152e−004
N(5)	4.391e−004	4.391e−004
Na	4.803e−004	4.803e−004
S(6)	1.900e−004	1.900e−004

------------------Description of solution--------------------------

$$pH = 7.830$$
$$pe = 4.000$$
Specific Conductance (uS/cm, 17 oC) = 203
Density (g/cm3) = 0.99883
Volume (L) = 1.00145
Activity of water = 1.000
Ionic strength = 3.217e−003
Mass of water (kg) = 1.000e+000
Total carbon (mol/kg) = 1.656e−003
Total CO_2 (mol/kg) = 1.656e−003
Temperature (deg C) = 17.50
Electrical balance (eq) = −6.582e−004
Percent error, 100*(Cat−|An|)/(Cat+|An|) = −14.29
Iterations = 8
Total H = 1.110140e+002
Total O = 5.551321e+001

------------------Distribution of species--------------------------

			Log	Log	Log	mole V
Species	Molality	Activity	Molality	Activity	Gamma	cm3/mol
OH−	4.018e−007	3.777e−007	−6.396	−6.423	−0.027	−4.44
H+	1.565e−008	1.479e−008	−7.806	−7.830	−0.024	0.00
H2O	5.551e+001	9.999e−001	1.744	−0.000	0.000	18.04
C(4)	1.656e−003					
HCO3−	1.581e−003	1.489e−003	−2.801	−2.827	−0.026	23.94

CO2	5.522e-005	5.526e-005	-4.258	-4.258	0.000	32.48
CaHCO3+	7.290e-006	6.871e-006	-5.137	-5.163	-0.026	9.37
CO3-2	5.077e-006	3.997e-006	-5.294	-5.398	-0.104	-5.30
MgHCO3+	2.947e-006	2.772e-006	-5.531	-5.557	-0.027	5.26
CaCO3	2.440e-006	2.442e-006	-5.613	-5.612	0.000	-14.62
NaHCO3	1.712e-006	1.714e-006	-5.766	-5.766	0.000	19.41
MgCO3	5.554e-007	5.558e-007	-6.255	-6.255	0.000	-17.08
NaCO3-	8.277e-009	7.796e-009	-8.082	-8.108	-0.026	-1.48

Ca   5.450e-004

Ca+2	5.257e-004	4.137e-004	-3.279	-3.383	-0.104	-18.17
CaSO4	9.583e-006	9.590e-006	-5.019	-5.018	0.000	7.19
CaHCO3+	7.290e-006	6.871e-006	-5.137	-5.163	-0.026	9.37
CaCO3	2.440e-006	2.442e-006	-5.613	-5.612	0.000	-14.62
CaOH+	4.934e-009	4.641e-009	-8.307	-8.333	-0.027	（0）
CaHSO4+	8.961e-013	8.430e-013	-12.048	-12.074	-0.027	（0）

Cl   2.499e-004

Cl-	2.499e-004	2.350e-004	-3.602	-3.629	-0.027	17.82

H(0)   3.342e-027

H2	1.671e-027	1.672e-027	-26.777	-26.777	0.000	28.61

K   1.995e-005

K+	1.993e-005	1.874e-005	-4.700	-4.727	-0.027	8.76
KSO4-	1.688e-008	1.590e-008	-7.773	-7.799	-0.026	（0）

Mg   2.152e-004

Mg+2	2.073e-004	1.635e-004	-3.683	-3.786	-0.103	-21.46
MgSO4	4.339e-006	4.342e-006	-5.363	-5.362	0.000	5.52
MgHCO3+	2.947e-006	2.772e-006	-5.531	-5.557	-0.027	5.26
MgCO3	5.554e-007	5.558e-007	-6.255	-6.255	0.000	-17.08
MgOH+	2.125e-008	2.003e-008	-7.673	-7.698	-0.025	（0）

N(5)   4.391e-004

NO3-	4.391e-004	4.126e-004	-3.357	-3.384	-0.027	28.76

Na   4.803e-004

Na+	4.783e-004	4.502e-004	-3.320	-3.347	-0.026	-1.80
NaHCO3	1.712e-006	1.714e-006	-5.766	-5.766	0.000	19.41
NaSO4-	3.150e-007	2.967e-007	-6.502	-6.528	-0.026	18.39
NaCO3-	8.277e-009	7.796e-009	-8.082	-8.108	-0.026	-1.48
NaOH	1.699e-020	1.700e-020	-19.770	-19.769	0.000	(0)

O(0)   0.000e+000

O2	0.000e+000	0.000e+000	-41.310	-41.309	0.000	29.75

S(6)   1.900e-004

SO4-2	1.758e-004	1.381e-004	-3.755	-3.860	-0.105	13.03
CaSO4	9.583e-006	9.590e-006	-5.019	-5.018	0.000	7.19
MgSO4	4.339e-006	4.342e-006	-5.363	-5.362	0.000	5.52
NaSO4-	3.150e-007	2.967e-007	-6.502	-6.528	-0.026	18.39
KSO4-	1.688e-008	1.590e-008	-7.773	-7.799	-0.026	(0)
HSO4-	1.802e-010	1.695e-010	-9.744	-9.771	-0.027	39.71
CaHSO4+	8.961e-013	8.430e-013	-12.048	-12.074	-0.027	(0)

----------------Saturation indices------------------------------

Phase	SI	log IAP	log K(290 K, 1 atm)
Anhydrite	-3.05	-7.24	-4.20 CaSO4
Aragonite	-0.49	-8.78	-8.29 CaCO3
Calcite	-0.34	-8.78	-8.44 CaCO3
CO2(g)	-2.89	-4.26	-1.37 CO2
Dolomite	-1.05	-17.97	-16.91 CaMg(CO3)2
Gypsum	-2.66	-7.24	-4.58 CaSO4:2H2O
H2(g)	-23.70	-26.78	-3.08 H2
H2O(g)	-1.70	-0.00	1.70 H2O
Halite	-8.53	-6.98	1.56 NaCl
O2(g)	-38.48	-41.31	-2.83 O2
Sylvite	-9.18	-8.36	0.82 KCl

Initial solution 2.

----------------Solution composition----------------------------

Elements   Molality   Moles

Alkalinity	1.415e-003	1.415e-003
Ca	5.450e-004	5.450e-004
Cl	3.199e-004	3.199e-004
K	2.993e-005	2.993e-005
Mg	2.201e-004	2.201e-004
N(5)	3.849e-004	3.849e-004
Na	4.703e-004	4.703e-004
S(6)	2.401e-004	2.401e-004

--------------Description of solution--------------------------

pH = 7.850

pe = 4.000

Specific Conductance (uS/cm, 18 oC) = 208

Density (g/cm3) = 0.99866

Volume (L) = 1.00161

Activity of water = 1.000

Ionic strength = 3.224e-003

Mass of water (kg) = 1.000e+000

Total carbon (mol/kg) = 1.452e-003

Total CO2 (mol/kg) = 1.452e-003

Temperature (deg C) = 18.40

Electrical balance (eq) = -5.691e-004

Percent error, 100*(Cat-|An|)/(Cat+|An|) = -12.58

Iterations = 8

Total H = 1.110138e+002

Total O = 5.551264e+001

----------Distribution of species---------------------------

Species	Molality	Activity	Log Molality	Log Activity	Log Gamma	mole V cm3/mol
OH-	4.530e-007	4.258e-007	-6.344	-6.371	-0.027	-4.39
H+	1.495e-008	1.413e-008	-7.825	-7.850	-0.025	0.00
H2O	5.551e+001	9.999e-001	1.744	-0.000	0.000	18.04

C(4)	1.452e−003					
HCO3−	1.388e−003	1.307e−003	−2.858	−2.884	−0.026	24.03
CO2	4.561e−005	4.564e−005	−4.341	−4.341	0.000	32.19
CaHCO3+	6.496e−006	6.122e−006	−5.187	−5.213	−0.026	9.41
CO3−2	4.772e−006	3.755e−006	−5.321	−5.425	−0.104	−5.16
MgHCO3+	2.642e−006	2.484e−006	−5.578	−5.605	−0.027	5.29
CaCO3	2.314e−006	2.316e−006	−5.636	−5.635	0.000	−14.62
NaHCO3	1.469e−006	1.470e−006	−5.833	−5.833	0.000	19.41
MgCO3	5.386e−007	5.390e−007	−6.269	−6.268	0.000	−17.08
NaCO3−	7.644e−009	7.199e−009	−8.117	−8.143	−0.026	−1.37
Ca	5.450e−004					
Ca+2	5.240e−004	4.122e−004	−3.281	−3.385	−0.104	−18.15
CaSO4	1.213e−005	1.214e−005	−4.916	−4.916	0.000	7.23
CaHCO3+	6.496e−006	6.122e−006	−5.187	−5.213	−0.026	9.41
CaCO3	2.314e−006	2.316e−006	−5.636	−5.635	0.000	−14.62
CaOH+	5.148e−009	4.842e−009	−8.288	−8.315	−0.027	(0)
CaHSO4+	1.096e−012	1.031e−012	−11.960	−11.987	−0.027	(0)
Cl	3.199e−004					
Cl−	3.199e−004	3.008e−004	−3.495	−3.522	−0.027	17.86
H(0)	3.019e−027					
H2	1.510e−027	1.511e−027	−26.821	−26.821	0.000	28.61
K	2.993e−005					
K+	2.989e−005	2.810e−005	−4.524	−4.551	−0.027	8.80
KSO4−	3.246e−008	3.058e−008	−7.489	−7.515	−0.026	(0)
Mg	2.201e−004					
Mg+2	2.112e−004	1.665e−004	−3.675	−3.779	−0.103	−21.50
MgSO4	5.709e−006	5.713e−006	−5.243	−5.243	0.000	5.56
MgHCO3+	2.642e−006	2.484e−006	−5.578	−5.605	−0.027	5.29
MgCO3	5.386e−007	5.390e−007	−6.269	−6.268	0.000	−17.08
MgOH+	2.467e−008	2.326e−008	−7.608	−7.633	−0.026	(0)
N(5)	3.849e−004					

NO3-		3.849e-004	3.616e-004	-3.415	-3.442	-0.027	28.87

Na   4.703e-004

Na+		4.684e-004	4.408e-004	-3.329	-3.356	-0.026	-1.74
NaHCO3		1.469e-006	1.470e-006	-5.833	-5.833	0.000	19.41
NaSO4-		3.915e-007	3.687e-007	-6.407	-6.433	-0.026	18.41
NaCO3-		7.644e-009	7.199e-009	-8.117	-8.143	-0.026	-1.37
NaOH		1.876e-020	1.877e-020	-19.727	-19.727	0.000	(0)

O(0)   0.000e+000

O2		0.000e+000	0.000e+000	-40.917	-40.917	0.000	29.84

S(6)   2.401e-004

SO4-2		2.218e-004	1.742e-004	-3.654	-3.759	-0.105	13.18
CaSO4		1.213e-005	1.214e-005	-4.916	-4.916	0.000	7.23
MgSO4		5.709e-006	5.713e-006	-5.243	-5.243	0.000	5.56
NaSO4-		3.915e-007	3.687e-007	-6.407	-6.433	-0.026	18.41
KSO4-		3.246e-008	3.058e-008	-7.489	-7.515	-0.026	(0)
HSO4-		2.211e-010	2.080e-010	-9.655	-9.682	-0.027	39.79
CaHSO4+		1.096e-012	1.031e-012	-11.960	-11.987	-0.027	(0)

---------------Saturation indices-----------------------------

Phase	SI	log IAP	log K(291 K，1 atm)
Anhydrite	-2.94	-7.14	-4.21 CaSO4
Aragonite	-0.51	-8.81	-8.30 CaCO3
Calcite	-0.36	-8.81	-8.45 CaCO3
CO2(g)	-2.96	-4.34	-1.38 CO2
Dolomite	-1.08	-18.01	-16.93 CaMg(CO3)2
Gypsum	-2.56	-7.14	-4.58 CaSO4:2H2O
H2(g)	-23.74	-26.82	-3.08 H2
H2O(g)	-1.68	-0.00	1.68 H2O
Halite	-8.44	-6.88	1.56 NaCl
O2(g)	-38.08	-40.92	-2.84 O2
Sylvite	-8.90	-8.07	0.83 KCl

Initial solution 3.

-------------Solution composition----------------------------

Elements	Molality	Moles
Alkalinity	2.221e-003	2.221e-003
Ca	9.352e-004	9.352e-004
Cl	1.380e-003	1.380e-003
K	7.010e-005	7.010e-005
Mg	6.402e-004	6.402e-004
N(5)	2.322e-003	2.322e-003
Na	1.610e-003	1.610e-003
S(6)	7.203e-004	7.203e-004

--------Description of solution----------------------------

$$pH = 7.120$$
$$pe = 4.000$$
Specific Conductance (uS/cm, 8 oC) = 434
Density (g/cm3) = 1.00020
Volume (L) = 1.00049
Activity of water = 1.000
Ionic strength = 8.045e-003
Mass of water (kg) = 1.000e+000
Total carbon (mol/kg) = 2.675e-003
Total CO_2 (mol/kg) = 2.675e-003
Temperature (deg C) = 8.50
Electrical balance (eq) = -2.532e-003
Percent error, 100*(Cat-|An|)/(Cat+|An|) = -21.39
Iterations = 7
Total H = 1.110147e+002
Total O = 5.552363e+001

-------------Distribution of species----------------------------

Species	Molality	Activity	Log Molality	Log Activity	Log Gamma	mole V cm3/mol
H+	8.228e-008	7.586e-008	-7.085	-7.120	-0.035	0.00

OH-	3.720e-008	3.390e-008	-7.429	-7.470	-0.040	-5.10
H2O	5.551e+001	9.998e-001	1.744	-0.000	0.000	18.02

C(4)   2.675e-003

HCO3-	2.187e-003	2.001e-003	-2.660	-2.699	-0.038	22.81
CO2	4.559e-004	4.567e-004	-3.341	-3.340	0.001	35.98
CaHCO3+	1.198e-005	1.098e-005	-4.922	-4.960	-0.038	8.87
MgHCO3+	1.041e-005	9.501e-006	-4.982	-5.022	-0.040	4.86
NaHCO3	7.630e-006	7.644e-006	-5.118	-5.117	0.001	19.41
CO3-2	1.170e-006	8.207e-007	-5.932	-6.086	-0.154	-7.13
CaCO3	6.846e-007	6.858e-007	-6.165	-6.164	0.001	-14.66
MgCO3	2.570e-007	2.575e-007	-6.590	-6.589	0.001	-17.07
NaCO3-	5.464e-009	5.000e-009	-8.263	-8.301	-0.038	-2.93

Ca   9.352e-004

Ca+2	8.793e-004	6.165e-004	-3.056	-3.210	-0.154	-18.33
CaSO4	4.326e-005	4.334e-005	-4.364	-4.363	0.001	6.69
CaHCO3+	1.198e-005	1.098e-005	-4.922	-4.960	-0.038	8.87
CaCO3	6.846e-007	6.858e-007	-6.165	-6.164	0.001	-14.66
CaOH+	1.478e-009	1.349e-009	-8.830	-8.870	-0.040	(0)
CaHSO4+	1.933e-011	1.764e-011	-10.714	-10.753	-0.040	(0)

Cl   1.380e-003

Cl-	1.380e-003	1.258e-003	-2.860	-2.900	-0.040	17.31

H(0)   9.677e-026

H2	4.839e-026	4.848e-026	-25.315	-25.314	0.001	28.63

K   7.010e-005

K+	6.994e-005	6.374e-005	-4.155	-4.196	-0.040	8.36
KSO4-	1.626e-007	1.488e-007	-6.789	-6.827	-0.038	(0)

Mg   6.402e-004

Mg+2	6.011e-004	4.236e-004	-3.221	-3.373	-0.152	-21.02
MgSO4	2.849e-005	2.854e-005	-4.545	-4.545	0.001	5.02
MgHCO3+	1.041e-005	9.501e-006	-4.982	-5.022	-0.040	4.86
MgCO3	2.570e-007	2.575e-007	-6.590	-6.589	0.001	-17.07

MgOH+	4.564e-009	4.187e-009	-8.341	-8.378	-0.037	(0)

N(5)   2.322e-003

NO3-	2.322e-003	2.113e-003	-2.634	-2.675	-0.041	27.52

Na   1.610e-003

Na+	1.600e-003	1.462e-003	-2.796	-2.835	-0.039	-2.44
NaHCO3	7.630e-006	7.644e-006	-5.118	-5.117	0.001	19.41
NaSO4-	3.229e-006	2.955e-006	-5.491	-5.529	-0.038	18.10
NaCO3-	5.464e-009	5.000e-009	-8.263	-8.301	-0.038	-2.93
NaOH	4.945e-021	4.954e-021	-20.306	-20.305	0.001	(0)

O(0)   0.000e+000

O2	0.000e+000	0.000e+000	-47.389	-47.388	0.001	28.76

S(6)   7.203e-004

SO4-2	6.452e-004	4.507e-004	-3.190	-3.346	-0.156	11.18
CaSO4	4.326e-005	4.334e-005	-4.364	-4.363	0.001	6.69
MgSO4	2.849e-005	2.854e-005	-4.545	-4.545	0.001	5.02
NaSO4-	3.229e-006	2.955e-006	-5.491	-5.529	-0.038	18.10
KSO4-	1.626e-007	1.488e-007	-6.789	-6.827	-0.038	(0)
HSO4-	2.608e-009	2.380e-009	-8.584	-8.623	-0.040	38.75
CaHSO4+	1.933e-011	1.764e-011	-10.714	-10.753	-0.040	(0)

--------------------Saturation indices------------------------------

Phase	SI	log IAP	log K(281 K, 1 atm)	
Anhydrite	-2.45	-6.56	-4.11	CaSO4
Aragonite	-1.05	-9.30	-8.25	CaCO3
Calcite	-0.89	-9.30	-8.41	CaCO3
CO2(g)	-2.09	-3.34	-1.25	CO2
Dolomite	-2.07	-18.75	-16.68	CaMg(CO3)2
Gypsum	-1.96	-6.56	-4.59	CaSO4:2H2O
H2(g)	-22.27	-25.31	-3.05	H2
H2O(g)	-1.95	-0.00	1.95	H2O
Halite	-7.27	-5.74	1.53	NaCl
O2(g)	-44.64	-47.39	-2.75	O2

Sylvite   −7.81   −7.10   0.72   KCl

Beginning of batch-reaction calculations.

Reaction step 1.

Using mix 1.

Mixture 1.

  8.500e−001 Solution 1

  1.500e−001 Solution 3

----------------Solution composition----------------------------

Elements	Molality	Moles
C	1.809e−003	1.809e−003
Ca	6.035e−004	6.035e−004
Cl	4.195e−004	4.195e−004
K	2.747e−005	2.747e−005
Mg	2.789e−004	2.789e−004
N	7.215e−004	7.215e−004
Na	6.498e−004	6.498e−004
S	2.695e−004	2.695e−004

----------------Description of solution--------------------------

                    pH = 7.554   Charge balance

                    pe = 12.598   Adjusted to redox equilibrium

     Specific Conductance (uS/cm, 16 oC) = 248

              Density (g/cm3) = 0.99910

                Volume (L) = 1.00125

              Activity of water = 1.000

              Ionic strength = 3.948e−003

            Mass of water (kg) = 1.000e+000

         Total alkalinity (eq/kg) = 1.701e−003

            Total CO2 (mol/kg) = 1.809e−003

              Temperature (deg C) = 16.15

Electrical balance (eq) = -9.393e-004

Percent error, 100*(Cat-|An|)/(Cat+|An|) = -16.48

Iterations = 20

Total H = 1.110141e+002

Total O = 5.551477e+001

-----------------Distribution of species----------------------------

Species	Molality	Activity	Log Molality	Log Activity	Log Gamma	mole V cm3/mol
OH-	1.915e-007	1.790e-007	-6.718	-6.747	-0.029	-4.52
H+	2.968e-008	2.791e-008	-7.528	-7.554	-0.027	0.00
H2O	5.551e+001	9.999e-001	1.744	-0.000	0.000	18.04
C(-4)	0.000e+000					
CH4	0.000e+000	0.000e+000	-139.550	-139.550	0.000	32.22
C(4)	1.809e-003					
HCO3-	1.677e-003	1.571e-003	-2.775	-2.804	-0.028	23.80
CO2	1.125e-004	1.126e-004	-3.949	-3.948	0.000	32.94
CaHCO3+	8.103e-006	7.595e-006	-5.091	-5.119	-0.028	9.31
MgHCO3+	3.931e-006	3.676e-006	-5.405	-5.435	-0.029	5.21
CO3-2	2.808e-006	2.161e-006	-5.552	-5.665	-0.114	-5.52
NaHCO3	2.436e-006	2.439e-006	-5.613	-5.613	0.000	19.41
CaCO3	1.397e-006	1.398e-006	-5.855	-5.854	0.000	-14.63
MgCO3	3.709e-007	3.713e-007	-6.431	-6.430	0.000	-17.08
NaCO3-	6.017e-009	5.636e-009	-8.221	-8.249	-0.028	-1.66
Ca	6.035e-004					
Ca+2	5.799e-004	4.462e-004	-3.237	-3.351	-0.114	-18.18
CaSO4	1.407e-005	1.409e-005	-4.852	-4.851	0.000	7.12
CaHCO3+	8.103e-006	7.595e-006	-5.091	-5.119	-0.028	9.31
CaCO3	1.397e-006	1.398e-006	-5.855	-5.854	0.000	-14.63
CaOH+	2.836e-009	2.652e-009	-8.547	-8.576	-0.029	(0)
CaHSO4+	2.458e-012	2.298e-012	-11.609	-11.639	-0.029	(0)
Cl	4.195e-004					

Cl-	4.195e-004	3.921e-004	-3.377	-3.407	-0.029	17.76
H(0)	0.000e+000					
H2	0.000e+000	0.000e+000	-43.415	-43.415	0.000	28.62
K	2.747e-005					
K+	2.744e-005	2.565e-005	-4.562	-4.591	-0.029	8.71
KSO4-	3.120e-008	2.922e-008	-7.506	-7.534	-0.028	(0)
Mg	2.789e-004					
Mg+2	2.673e-004	2.062e-004	-3.573	-3.686	-0.113	-21.39
MgSO4	7.261e-006	7.267e-006	-5.139	-5.139	0.000	5.45
MgHCO3+	3.931e-006	3.676e-006	-5.405	-5.435	-0.029	5.21
MgCO3	3.709e-007	3.713e-007	-6.431	-6.430	0.000	-17.08
MgOH+	1.255e-008	1.177e-008	-7.901	-7.929	-0.028	(0)
N(-3)	0.000e+000					
NH4+	0.000e+000	0.000e+000	-56.194	-56.224	-0.030	17.65
NH3	0.000e+000	0.000e+000	-58.195	-58.195	0.000	24.25
NH4SO4-	0.000e+000	0.000e+000	-58.806	-58.835	-0.029	(0)
N(0)	2.560e-009					
N2	1.280e-009	1.281e-009	-8.893	-8.892	0.000	29.29
N(3)	1.275e-014					
NO2-	1.275e-014	1.191e-014	-13.894	-13.924	-0.030	24.45
N(5)	7.215e-004					
NO3-	7.215e-004	6.738e-004	-3.142	-3.171	-0.030	28.60
Na	6.498e-004					
Na+	6.468e-004	6.053e-004	-3.189	-3.218	-0.029	-1.88
NaHCO3	2.436e-006	2.439e-006	-5.613	-5.613	0.000	19.41
NaSO4-	5.812e-007	5.443e-007	-6.236	-6.264	-0.028	18.37
NaCO3-	6.017e-009	5.636e-009	-8.221	-8.249	-0.028	-1.66
NaOH	1.082e-020	1.083e-020	-19.966	-19.965	0.000	(0)
O(0)	6.401e-009					
O2	3.200e-009	3.203e-009	-8.495	-8.494	0.000	29.62
S(-2)	0.000e+000					

HS-	0.000e+000	0.000e+000	-137.463	-137.493	-0.029	20.13
H2S	0.000e+000	0.000e+000	-137.980	-137.980	0.000	37.12
S-2	0.000e+000	0.000e+000	-143.013	-143.128	-0.115	(0)
S(6)	2.695e-004					
SO4-2	2.476e-004	1.901e-004	-3.606	-3.721	-0.115	12.81
CaSO4	1.407e-005	1.409e-005	-4.852	-4.851	0.000	7.12
MgSO4	7.261e-006	7.267e-006	-5.139	-5.139	0.000	5.45
NaSO4-	5.812e-007	5.443e-007	-6.236	-6.264	-0.028	18.37
KSO4-	3.120e-008	2.922e-008	-7.506	-7.534	-0.028	(0)
HSO4-	4.582e-010	4.285e-010	-9.339	-9.368	-0.029	39.59
CaHSO4+	2.458e-012	2.298e-012	-11.609	-11.639	-0.029	(0)
NH4SO4-	0.000e+000	0.000e+000	-58.806	-58.835	-0.029	(0)

-----------------Saturation indices-----------------------------

Phase	SI	log IAP	log K(289 K, 1 atm)
Anhydrite	-2.89	-7.07	-4.18 CaSO4
Aragonite	-0.73	-9.02	-8.28 CaCO3
Calcite	-0.58	-9.02	-8.44 CaCO3
CH4(g)	-136.78	-139.55	-2.77 CH4
CO2(g)	-2.60	-3.95	-1.35 CO2
Dolomite	-1.49	-18.37	-16.88 CaMg(CO3)2
Gypsum	-2.49	-7.07	-4.58 CaSO4:2H2O
H2(g)	-40.34	-43.41	-3.08 H2
H2O(g)	-1.74	-0.00	1.74 H2O
H2S(g)	-137.03	-145.05	-8.02 H2S
Halite	-8.18	-6.62	1.55 NaCl
N2(g)	-5.78	-8.89	-3.12 N2
NH3(g)	-60.18	-58.19	1.99 NH3
O2(g)	-5.67	-8.49	-2.82 O2
Sulfur	-102.77	-97.68	5.10 S
Sylvite	-8.80	-8.00	0.81 KCl

End of simulation.

Reading input data for simulation 2.

End of Run after 0.312 Seconds.
